古 韵 流 芳
GU YUN LIU FANG
BEIJING CHINA

献给第九届中国（北京）国际园林博览会

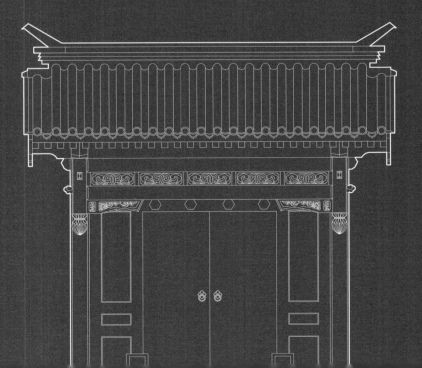

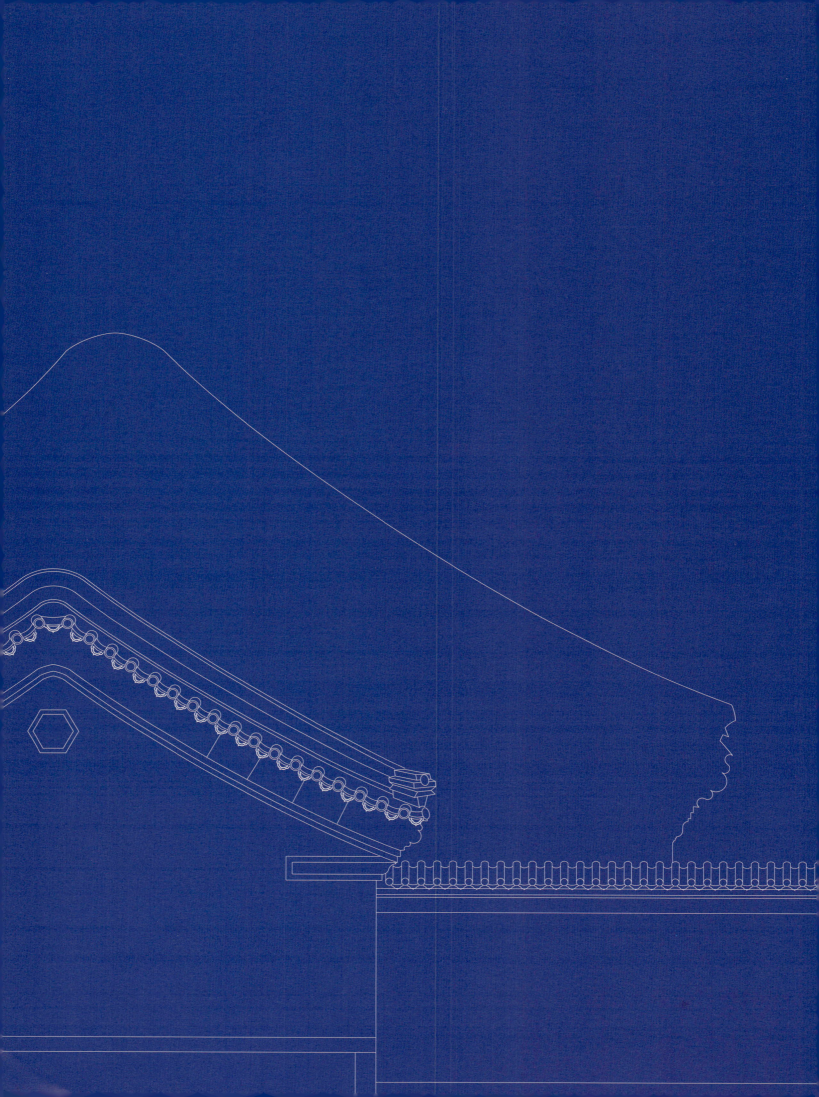

园博园
古民居建筑彩画艺术

华凯投资集团有限公司 | 编著

清华大学出版社

北京

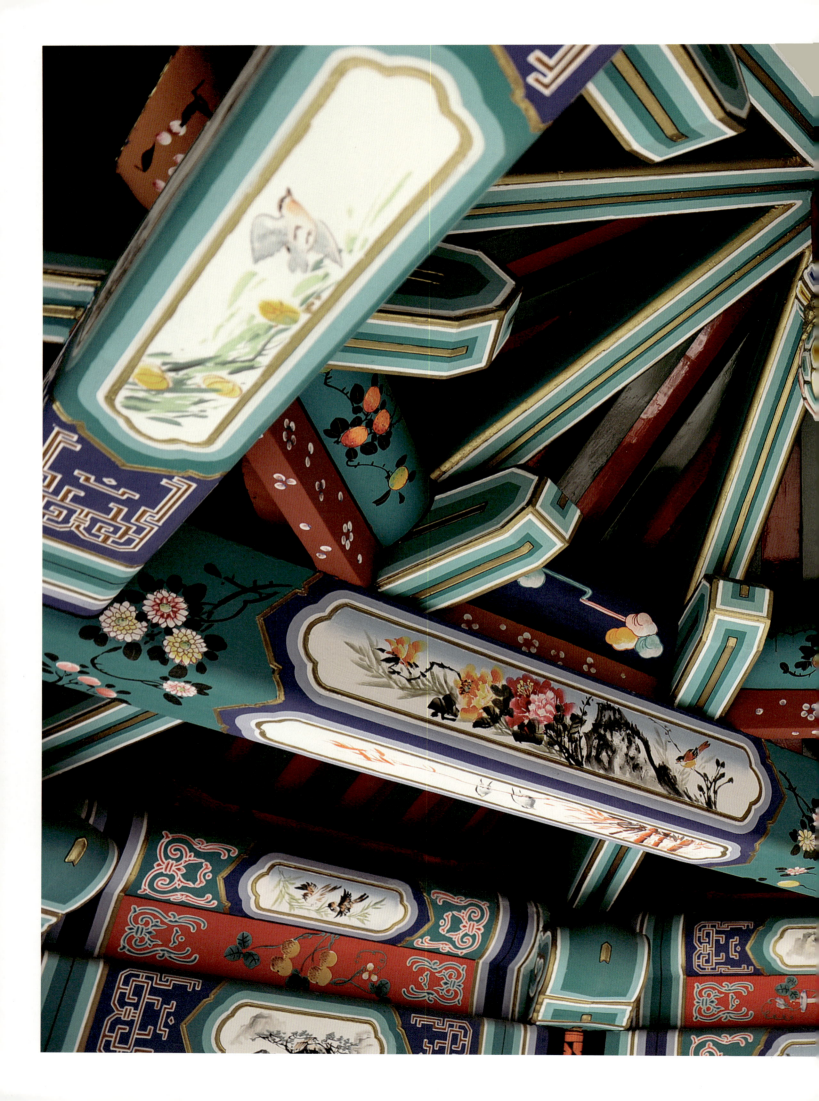

序 | 根深叶茂

彩画是我国传统木结构建筑的重要组成部分，它伴随着建筑的发展而发展。历史文献显示，早在春秋末期已经有些这方面的记载，从那时算起，彩画至今已有二千五百年的历史了。

唐宋时期是我国建筑彩画发展的第一个重要时段，从现存的例证中，我们可以领略到当时的辉煌盛状。

元、明、清三代是我国建筑彩画发展历程中又一个重要时段，特别是清代将官式彩画推到巅峰。彩画不仅可以保护木构，又是装饰建筑的重要手段，还成为区分此时官式建筑的等级、用途的重要标示。1911 年，我国结束了封建帝制，其后的百余年间，尤其是北京的苏式彩画（官式）从未停止其发展步伐，仍在继续向前发展。为了顺应人们的审美需求，它在传统彩画的基础之上又注入了许多新的题材、新的绘法，大大地提高了苏式彩画的文化内涵。正如中国有句老话"根深叶茂"，由于根底深厚，所滋长出来的新枝叶自然丰茂，赋有新的生气。

第九届中国（北京）国际园林博览会的一些景点施绘了多种清代苏式彩画，为该会增光不少，也给国内外游客备下一份文化大餐。华凯投资集团有限公司将他们在园中所绘的各种苏式彩画整理编辑成集，为游人深入赏析中国建筑彩画风采带来方便，也为弘扬我国传统古建筑文化做出了奉献。

故宫博物院彩画专家　王仲傑

2013 年 3 月

前 言

中国古代民居，无论是北方的四合院还是南方的徽派院落，都以高超的技术、精湛的艺术和独特的风格，在世界建筑史上自成体系、独树一帜，是我国古代灿烂文化的重要组成部分，也是世界建筑艺术的奇葩和瑰宝，在我国物质文化遗产中占有重要位置。从苏州的拙政园到扬州的个园，从山西的王家大院到北京四合院，中国古代民居建筑作为儒家文化凝固的丰碑，生动地展示了中国文化博大精深的精神底蕴，令人叹为观止。

中国古建筑中的彩画艺术更是将实用和装饰完美结合的神来之笔，在保护建筑木质构件的同时，赋予建筑灵魂与活力，体现建筑的礼制与教化及人生追求的理想与境界。中国建筑彩画艺术历史悠久，有着与壁画、雕塑不同的表现技法，通过多种色彩的组合，反映皇权、神权，追求吉祥如意平安，营造纯美的哲学意境，是风格奇异的中国建筑装饰艺术。

如果说，西方的古代建筑是凝固的音乐，那么中国的古代建筑就是凝固的文化、立体的绘画、浪漫的诗意和理想的人生。正是从这个意义上出发，我们才能真正体会"人宅相扶，感通天地"的中国住宅哲理。

然而，随着时代变迁，战火硝烟和自然侵袭，中国古代建筑文化尤其是传统彩画艺术正在不可避免地逐渐消失并淡出历史舞台。在新的历史条件下，保护并利用我国珍贵的建筑文化遗产，传承并弘扬古建筑工艺技术，重新塑造当代中国的建筑文化软实力，是摆在我们面前的一个重大而紧迫的课题。

第九届中国（北京）国际园林博览会特别设立中国古民居文化展示区就是一种极其有益的大胆尝试。

华凯投资集团有限公司非常荣幸地得到参与古民居文化展示区建设的机会。在第九届园博会组委会的领导下，在北京市园林古建设计研究院、北京房修一建筑工程有限公司和江苏创景园林建设有限公司等众多合作伙伴的支持下，秉着"学习、继承、创新"的指导原则，按照北京四合院和传统徽派民居的营造法则，我们兢兢业业，一丝不苟地精心施工，顺利完成了建设任务。

现在呈现在您面前的，是园博会古民居文化展示区中四合院建筑的彩画装饰艺术集锦及施工过程整理。我们希望，通过展示古代建筑彩画艺术，呈现中国古代建筑完美和谐的文化理念和生活方式，继承传统，光大传统，为古建文化的传承与弘扬起到积极的促进作用，并推动中国建筑艺术的进步与繁荣。

华凯集团董事长

2013 年 3 月 6 日于北京

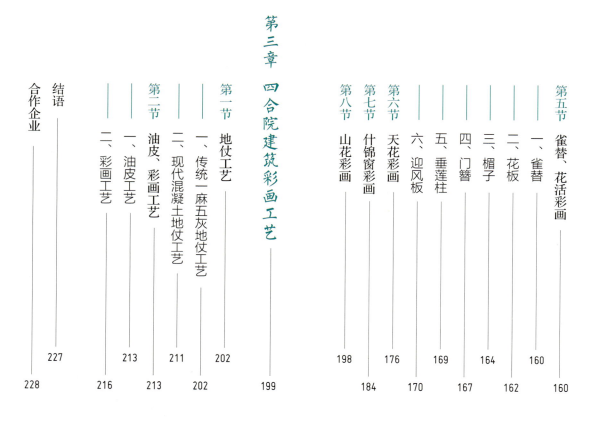

目录

第一章

园博园古民居展区概况

第一节
第九届中国（北京）国际园林博览会

中国国际园林博览会（以下简称"园博会"）由中华人民共和国住房和城乡建设部及承办城市所在省、自治区、直辖市人民政府共同举办，由承办城市所在省、自治区、直辖市建设（园林绿化）主管部门、承办城市人民政府以及中国公园协会、中国风景园林学会等有关单位具体承办，是国内园林花卉界层次最高的盛会，每两年举办一届。园博会旨在扩大国际与国内城市园林绿化行业的交流与合作，促进城市园林绿化艺术水平的进一步提高，传承和发展中国园林艺术，传播园林文化，交流园林学术思想，促进城市建设和园林绿化事业的健康持续发展，促进城市经济、环境、社会的可持续发展，是集中外造园艺术、文化展演、学术交流、商贸洽谈和企业营销等活动于一体的国际园林花卉博览会。

第九届中国（北京）国际园林博览会于 2013 年 5 月至 11 月在北京永定河畔举行，这是北京继成功举办 2008 年奥运会之后又一次重大的国际会展活动。目的是展示科学发展观指导下的园林绿化事业发展成就，旨在进一步引导人们认识人与自然相和谐、人口资源环境协调发展的重要意义，从而建设更加生态良好、宜居和谐的美好家园。

第九届园博会园区占地 267 公顷，加上园博湖共占地 513 公顷，相当于两个颐和园的面积。此次园博会以"园林城市、美丽家园"为主题，以建设展示当代园林建设最高科技水平和艺术成就的示范区、具有国际水准的低碳绿色生态试验区为总体目标。园区规划布局为"一轴、两点、三带、五园"，一轴即贯穿东西的园博轴；两点即中国园林博物馆与锦绣谷；三带即三条从"中关村科技园丰台园西区"延伸至园博园中的绿色景观走廊；五园即不同特色的五大核心展区，分别是：传统展园、现代展园、创意展园、生态展园和国际展园。届时苏州园林、江南园林、岭南园林、巴蜀园林和外国园林等上百个景点都将在园内落成。中国园林博物馆、主展馆和永定塔等独具风格的标志性建筑将喜迎中外游客。这里将成为当代园林绿化的典范，成为永定河绿色生态发展带上一颗璀璨的明珠。

一、规划设计

　　古民居文化展示区是第九届中国（北京）国际园林博览会的传统展园之一，位于园博会园区最北端，紧邻鹰山森林公园北麓，西至北宫路，东至永定河西岸。展区内选取了北京四合院和徽派院落作为中国传统民居的代表，旨在向人们展示中国优秀的传统居住建筑和文化以及中国人的传统生活理想，充分体现传统建筑与园林环境的完美结合是古民居文化展示区最核心的设计理念。

　　宅园是中国园林最主要的类型之一，是人们在城市生活中依照自己的理想开辟出来的一种与自然元素亲密接触的场所。古民居文化展示区的每一套院落都附有私家花园，将建筑与园林相互穿插融合、互为借景，其意在于强调宅和园的搭配是古代人民最理想的居住模式。并在设计中创新性地将院落置于一处优美又兼具典型地域特色的山水和绿色大环境之中，以求更为真切地表现寄情于山水的生活理想。

　　依据地形及周边环境，古民居展示区在总体规划布局上分为南、北、中三个区域。每个区域各有特色，通过人工水系相互连接又相互区隔，整体富有变化又统一协调。

　　南侧在建筑院落与鹰山山麓之间设置了一带弯月水池，将四套北京四合院设置在水面和绿树环绕的"半岛"之上，宅南临水一面皆有平台，之间有石桥相连，形象生动且富有园林气息。池北的院落可以隔水观山，同时营造出一幅由青瓦、弯月、拱桥、垂柳和湖中倒影构成的北国江南风情画卷。

　　北侧是地道的北京四合院区。由于胡同是京派民居的重要组成部分，胡同文化也体现了京派文化的精神内涵，利用南北两排共八套京派四合院围合出的胡同空间，让参观者从外到内都能体会到老北京的建筑文化特点。

　　中段穿插了四套黛瓦白墙的徽派宅院，用以变换参观中的视觉亮点，打破成片四合院带来的中正沉稳，变换为江南水乡的清雅灵秀，成为展区规划布局的特色。以一座徽派石牌坊作为区域入口，坊内设有一个小广场和仿江南水街的曲池，临池设一小型戏台与广场隔水相望，再现了南国古镇的妩媚秀丽。

　　经过绿化环境的过渡，点缀以多种文化建筑小品，将南北两大派系的建筑融合在山水园林之中，使古民居展示区成为园博园中独具特色的文化展示空间。

图 1-1 园博园古民居文化展示区鸟瞰

二、建筑设计

　　古民居展示区选取了中国民居中最具有代表性的北方民居——北京四合院，及南方民居——徽派院落作为展示内容。在建筑设计上并不是简单的复制与模仿，而是在继承与发扬传统建筑精髓的基础上大胆创新，不仅利用建筑与园林的充分融合，使得建筑空间更为舒适，更通过现代的建筑材料和施工工艺，使得传统建筑能顺应现代城市生活的需求。力图打造外观上原汁原味地遵循传统建筑规制，体现地域文化特色，而内涵上与现代生活紧密结合的新式仿古民居建筑。

图1-2 园博园古民居北京四合院外观

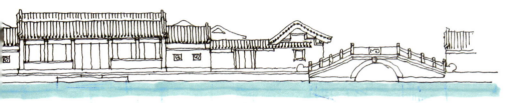

北京四合院选取了两进带跨院及三进带跨院的院落形式。正院为传统四合院的空间结构形式，从东南角的金柱大门进入，影壁、倒座、垂花门、正房、东西厢房到抄手游廊一应俱全。此外，在正院东侧增设了花园跨院，探入花园的东厢房抱厦具有了270°的园林景观，精巧的木构及彩画更成为花园中层次丰富的建筑背景。从建筑色彩、砖石瓦片到细部装饰，都严格遵循传统做法，突出体现四合院建筑空间有序、等级分明、色彩艳丽、细节丰富的古典韵味。

图 1-3 园博园古民居北京四合院内院

　　徽派民居则以皖南民居为蓝本，在保留天井、马头墙、栗白黑的色调等典型徽派民居建筑特点的同时，在设计上做了发展与创新，使其更符合北京地区的气候特点。院落内高大的马头墙与小桥流水、山石花木相穿插，改善了传统徽派建筑的封闭内向，使建筑与院内景观浑然一体。同时，充分利用徽派民居的"三雕"艺术，设计青砖门罩、石雕漏窗、木雕楹柱等细节，使艺术与建筑融为一体，营造了一处充满深厚徽州文化与浓郁地域风情的宅居场所。

图1-4 园博园古民居徽派民居外观

图 1-5 园博园古民居徽派民居内院

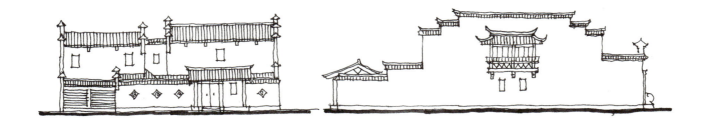

在古民居的建设施工上，选用地道的传统建筑材料；在施工工艺上，也充分运用传统工艺技法，以推动传统建筑建造技艺的发展。而在继承与发扬传统建筑精髓的同时，努力探索现代仿古建筑的创新发展之路也是古民居展示区的追求方向。通过木包铝门窗、地采暖设备和户式中央空调等现代设施的运用，使得古民居展示区在体现原汁原味的传统建筑文化的同时，更能与现代城市生活需求紧密结合，符合现代生活对低能耗、高舒适度的追求。

三、彩画设计

　　建筑彩画是四合院建筑的重要传统及显著特色，是建筑文化中不可或缺的装饰艺术。在建筑构件上进行彩画装饰，不仅是满足建筑木构件的防腐防蠹功能，更重要的是体现建筑的等级规制以及宅第主人的追求喜好。四合院作为北京宅院的代表，按等级可以分为高等级的王府及低等级的普通民居。王府建筑通常饰有精美的建筑彩画，而在现存的普通民居中却较为少见，即使有彩画等级也较低，这是由中国古代严格的等级规制决定的。而古民居展示区中的四合院作为以钢筋混凝土为主要结构的现代仿古建筑群，绘制彩画更多的是为了传承建筑彩画艺术这一重要的建筑文化遗产。

　　建筑彩画设计是指针对具体的建筑构件，进行彩画等级、形式、尺寸、内容、做法和纹饰的设计。这不仅使彩画符合建筑等级的规定，还可以根据使用功能选取适宜的吉祥图案，更使得施工放样规范化，以避免人为放样产生的不确定性，有利于确定工艺做法、核算工程量。

图 1-6 北海公园浴兰轩正殿彩画

图 1-7 北海公园浴兰轩东配殿经修复后彩画

在样式最丰富、技法最成熟清代官式彩画中，苏式彩画具有构图形式多样、纹饰题材内容广泛、装饰效果贴近生活、色调活泼、创作发挥自由、生活气息浓郁、轻松休闲的特点。我们选取了北京北海公园快雪堂浴兰轩东西配殿的苏式彩画形式作为四合院建筑的彩画基本类型。

北京北海公园是我国保存最完整的皇家园林之一，是北京著名古迹。快雪堂位于北海北岸，为三进院落，分别为澄观堂、浴兰轩和快雪堂。澄观堂与浴兰轩建于乾隆十一年（1746 年），是帝后们到北海阐福寺拈香时沐浴、更衣、用膳、休息的地方。乾隆四十四年（1779 年），乾隆皇帝得到元代书法家赵孟頫临摹晋代王羲之《快雪时晴贴》石刻，特增建了金丝楠木的快雪堂以贮存石刻书法。浴兰轩为第二进院落，正房建筑采用方心式苏式彩画，东西配殿采用包袱式满苏彩画。

　　该建筑作为皇家园林中生活区的次要建筑，既品位高雅又贴近生活，是古民居四合院建筑较为理想的临摹范本。在此基础上，根据院落中各向房座的功能与等级，安排适宜的彩画形式。根据建筑构件部位，采用包袱式苏画或方心式苏画，辅以少量海墁式苏画。宅门、正房、抱厦、垂花门等重要部位采用满苏彩画，厢房、倒座、后罩、亭子等稍次部位采用掐箍头搭包袱彩画，游廊采用掐箍头彩画。

　　彩画纹饰含有吉祥寓意，这些图案绘画主题鲜明、构图巧妙、寓情于景、情景交融，代表着宅主人对幸福、长寿、喜庆、吉祥、健康向上的美好生活的向往和追求。古民居四合院建筑彩画以花鸟和山水作为包袱心及方心的主要图案纹饰。

图 1-8　北海公园浴兰轩西配殿清代留存旧彩画

第二章

四合院建筑彩画艺术

第一节
苏式彩画概述

一、苏式彩画

据记载，苏式彩画源于江南苏杭地区，明永乐年间因修缮京城宫殿而大量征用江南工匠，苏式彩画因而传入北方。其表现形式在彩画类型中最为多样，分为包袱式、方心式和海墁式三种；绘制的内容也最为丰富，包括博古器物、山水花鸟、人物故事、线法套景等，广泛用于传统民居以及王府内次要建筑或园林建筑中。

二、构图形式

迄今发现最早关于苏式彩画类型描述的是《清工部工程做法则例》所述："'福如东海苏式彩画搭袱子'即包袱式苏画；'花锦枋心苏式彩画'即方心式苏画；'桁条刷粉三青地仗，海墁花卉'即海墁式苏画。"

包袱式苏画的构图是在檩垫枋位置上贯穿画一个半圆形画框，犹如一个包袱皮从上面搭下来盖在梁枋大木构件中部，因其形状酷似一块垂下来的圆形花巾，故称其"包袱"。包袱式苏画在北京地区的应用在清晚期最为盛行，由此形成了官式苏画以包袱式为主、方心式为辅的局面。

　　绘画包袱时需将包袱涂白，故行业中称其为"白活"。"包袱线"由两条相隔一定距离的线构成，每条线向包袱心内退晕，退晕部分称作"烟云"，外面部分称作"托子"，或将这两部分统称"烟云"，其观赏效果似海水的波纹和浪花。烟云分"软烟云"和"硬烟云"两种，软硬烟云里的卷筒部分称为"烟云筒"。由包袱向外扩的位置称作"找头"，靠近包袱位置的青色檐檩或下枋部位画"聚锦"，形状不定、绘画内容丰富，与聚锦对应的绿色下枋或檐檩部位画"找头花"。靠近包袱的垫板上可绘花卉、博古等，或"掐池子"画金鱼、桃柳燕等。找头向外扩的位置绘"卡子"，分为软硬两种，分别由弧线与直线构成。由卡子向外扩的位置称为"箍头"，箍头上常绘制卍字，箍头两侧称"连珠带"，可绘制连珠或方格锦。

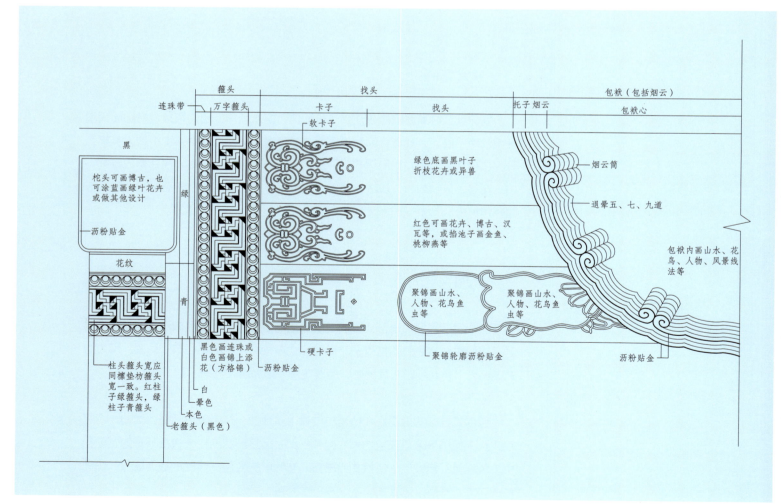

图 2-1 清末期包袱式苏画构图

　　方心式苏画的构图是以檩垫枋单件为单位，每件分别构图，分箍头、找头、方心三部分，其中方心占总长的 1/3，两端找头与箍头相加各占 1/3，找头部位绘卡子、聚锦、找头花。方心苏画多用于廊子中扒梁、抹角梁等掏空的部位，若应用在檩垫枋相连的构件上时，檩、枋采用上述构图，垫板则通画博古或花卉。

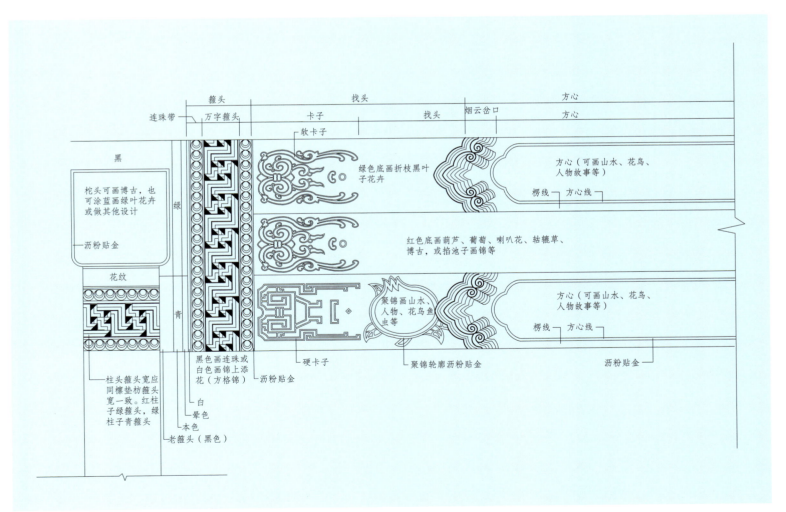

图 2-2 清末期方心式苏画构图

海墁式苏画构图相对简单，常在两个素箍头之间通画一种纹饰，也可保留单加粉卡子图案。檩枋绘制内容相互调换，画流云或黑叶子花。绘制流云的部件为青色底，配绿箍头；绘制黑叶子花的部件为绿色底，配青箍头。垫板部位底色为红色，画青色拆朵花。

可画流云、花卉、博古、团花、把子草或掐池子等

（1）软卡子海墁苏画构图

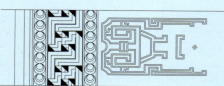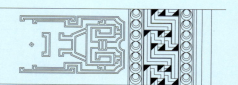

可画流云、花卉、博古、团花、把子草或掐池子等

（2）硬卡子海墁苏画构图

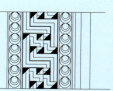

可画流云、花卉、博古、团花、把子草或掐池子等

（3）无卡子海墁苏画构图

图2-3 海墁式苏画构图

三、规制等级

根据绘制过程中用金多少、用金方式、退晕层次以及内容的选择、细部装饰的繁简程度等因素，苏式彩画可分为高级、中级和较为简化的种类。包括金琢墨苏画、金线苏画、黄线苏画、掐箍头搭包袱彩画、掐箍头彩画等。

金琢墨苏画最为华丽，其最大特征为贴金部位多，并且退晕层次多，整体画面色彩丰富、纹饰精细。包袱内容可以以金为衬底，烟云退晕层数多达七至九层，找头部位通常绘制各种生动的祥禽瑞兽。

图 2-4　故宫金琢墨苏式彩画

金线苏画用金部位较金琢墨苏画少，箍头通常绘切角回纹、万字或死箍头，找头绘片金卡子、点金卡子或色卡子，且箍头线、包袱线、聚锦壳、池子线、枋头边框线均沥粉贴金。烟云退晕层次多为五层，烟云筒多为软云，采用两筒或三筒均可。

图 2-5 园博园古民居金线包袱式苏式彩画

图 2-6 园博园古民居金线方心式苏式彩画

　　黄线苏画与金线苏画最大区别是无贴金，凡金线苏画沥粉贴金的部位全部改成黄色线条，包袱内通常饰以工艺较简单的画题。

图 2-7　园博园古民居黄线方心式苏式彩画

图 2-8　园博园古民居黄线苏式彩画

　　掐箍头搭包袱彩画只在梁枋的两端画箍头、中间部位加包袱，包袱至箍头之间涂红。没有其他部位的衬托，包袱成为该类彩画中最重要的部位，故选题应相对考究、多种画题穿插运用。包袱线退晕多为五层，边线可贴金也可绘黄线。

图 2-9 园博园古民居掐箍头搭包袱彩画一

图 2-10 园博园古民居掐箍头搭包袱彩画二

　　顾名思义，掐箍头彩画只在梁枋两端绘制箍头，箍头之间涂满红色。这种形式是苏式彩画中最为简化的画法。

图 2-11　园博园古民居掐箍头彩画一

图 2-12　园博园古民居掐箍头彩画二

四、装饰范围

　　自明永乐年京城宫殿大修起，苏式彩画便大量应用于皇家园林建筑中。除用于朝政活动的建筑外，皇家园林内如亭台、轩榭等园林小品建筑均采用较为轻松的苏式彩画加以装饰。除皇宫王府内花园、内廷等位置使用苏式彩画外，民居四合院内也广泛应用这一灵活多变、内容丰富的彩画形式进行装饰。

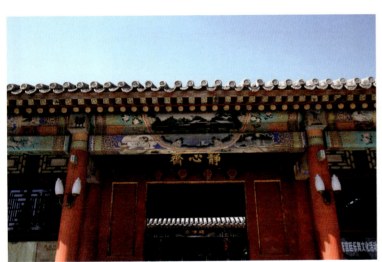

图 2-13 北海公园静心斋苏式彩画一

图 2-14 北海公园静心斋苏式彩画二

图 2-15 北海公园静心斋苏式彩画三

图 2-16 纪晓岚故居苏式彩画

五、施彩原则

由于现代留存最多的是清代彩画，所以现在应用最广的同样是清代彩画的施彩原则。清代彩画主要以群青、绿色为主，辅以少量的香色、紫色以及红色，用色规则较为固定。

苏式彩画箍头以青绿两色为主，建筑物明间檐檩箍头固定为青色，连珠带为香色连珠带或香色方格锦，绿色找头配软卡子，剩余部分画黑叶子花；若构件为绿箍头，则连珠带为紫色连珠带或紫色方格锦，找头为青色配硬卡子，剩余部分画聚锦，聚锦底色可涂白色、香色或四绿色，聚锦的画题与包袱相同。柱头位置的箍头同大木，宽窄一致，箍头上加一窄条章丹色绘花纹。檩、垫、枋分别采用绿色、红色及青色。垫板固定为红色，建筑物明间檐檩固定为绿色，额枋固定为青色，相邻开间则绿色与青色位置互换。

图 2-17 园博园古民居施彩原则图示

六、施彩部位

以木结构为主的中国古代建筑，因长时间暴露在日晒雨淋的环境中，难免因霉菌、虫蛀等灾害的影响而糟朽破损。为保护木材不受侵蚀而延年长久，同时又符合审美的需求，先人们将粗糙笨拙的大木件用麻和灰浆包裹起来，形成一层牢固的壳膜，并在上面绘制出各种花纹和图案。油漆彩绘工艺应用的部位十分广泛，包括门、窗、柱、梁、椽望、斗拱、天花、藻井、栏杆、楣子、屏风以及匾额、神龛、对子、桌案等一切露明位置，其中又以檩垫枋、檐头、雀替、天花等部位彩画最具特色。

第二节
檩、垫、枋彩画

一、包袱式苏画

1. 清中期包袱式苏画

　　古民居文化展示区四合院建筑群中的部分院落采用清中期包袱式苏画。在北海公园浴兰轩以及故宫体和殿及储秀宫都可以见到此种画法，其呈现特点包括：一个找头两个夹子；包袱所占长度比重较大；包袱烟云无托子；包袱心主题多使用吉祥图案，如"寿山福海"、"海鹜添筹"、"锦上添花"等；找头部位大量运用吉祥图案；整体呈现出严整、雅致、古朴、锦绣的特点。

图 2-18　园博园古民居清中期包袱式苏画一

图 2-19 园博园古民居清中期包袱式苏画二

图 2-20 园博园古民居清中期包袱式苏画三

1）祝寿图案包袱心

祝寿主题包括"海鸶添筹"、"寿山福海"、"万福流云"等。

画面内绘制蝙蝠取"福"同音，与流云合称"万福流云"；寿桃寓意长寿；山石、海浪代表高山和大海，由祝辞"福如东海、寿比南山"演变而来；画面中的仙鹤、亭子、花瓶、筹码均取自"海鸶添筹"①的典故，仙鹤代表衔取筹码的神鸟。另有仙鹤、蝙蝠口衔葫芦、团扇、宝剑等"暗八仙"②图案，寓意吉祥和拥有万能的法术。

图 2-21 园博园古民居祝寿图案包袱心一

① 苏轼《东坡志林·三老语》："海水变桑田时，吾辄下一筹，迩来吾筹已满十间屋。"传说在蓬莱仙岛上有三位仙人互相比长寿，其中一位仙人说每当他看到人间沧海变为桑田时，就在瓶子里添加一支筹码，现在堆放筹码的屋子已经有十间了。

② "暗八仙"及"道家八宝"，指八仙过海典故中张果老、吕洞宾、韩湘子等八位神仙所执的八件法器，即鱼鼓、宝剑、横笛、葫芦、团扇、莲花、花篮和阴阳板。

图 2-22 园博园古民居祝寿图案包袱心二

图 2-23 园博园古民居祝寿图案包袱心三

图 2-24 园博园古民居祝寿图案包袱心四

2）花鸟图案包袱心

包袱心主体纹饰以花卉组成的吉祥图案为主，利用花卉的象征意义和汉字的谐音创造出一个个代表吉祥如意的画面。

牡丹因其花色艳丽、花型大气、寓意富贵，成为最重要的装饰题材。花开富贵、花好月圆、锦上添花、富贵平安、金玉满堂、国色天香、荣华富贵，繁荣昌盛……牡丹的象征意义丰富多彩，适用于各种不同的场合，如新年祝福、乔迁新居、新婚贺喜、新店开业、友人升迁等。

牡丹花与水仙搭配寓意"先富贵"；绘蝴蝶在其上翩翩起舞，寓意"捷报富贵"；与秋海棠搭配寓意"富贵满堂"；与玉兰、海棠搭配寓意"玉堂富贵"；与石榴搭配寓意"富贵多子"；与石榴、佛手、桃子搭配寓意"富贵三多"，三多即多子、多福、多寿，石榴象征多子，佛手象征多福，桃子象征多寿；

月季花四季常开，寓意"四季长青"，与竹子搭配寓意祝福长春；

玉兰花谐音"玉堂"、海棠花谐音"满堂"，二者搭配寓意"金玉满堂"；

寿山石与花卉图案搭配，寓意长寿、永恒与牢固之意；

灵芝象征吉祥如意，兰花象征高雅贤德，灵芝、兰花和寿山石搭配寓意"君子之交"；

百合、柿子和如意搭配寓意"百事如意"；

梅花寓意"梅开五福"，象征坚贞不屈，傲骨铮铮；梅兰竹菊象征君子美德；

葫芦谐音"福禄"、蔓与"万"谐音，寓意子孙绵延、幸福兴旺；葫芦与寿山石寓意"福禄寿"三全；

松柏象征昌盛、坚强、长寿；

竹和竹笋象征坚忍不拔，虚心有节，节节高升；

荷花象征清白廉洁，洁身自好；

并蒂莲象征夫妻恩爱；

菊花象征坚贞顽强，有节操，有骨气，益寿延年；

荔枝、橘子，谐音"利"、"吉"，象征大吉大利；

葡萄、石榴因果实多籽，寓意多子多福，象征繁荣昌盛，朝气蓬勃，后继有人；

雄鸡与"吉"谐音，寓意吉祥如意、官运亨通，雄鸡立于石上象征"室上大吉"，寓意合府安康、生活富裕、大吉大利。

图 2-25 园博园古民居清中期花鸟图案包袱心一

图 2-26 园博园古民居清中期花鸟图案包袱心二

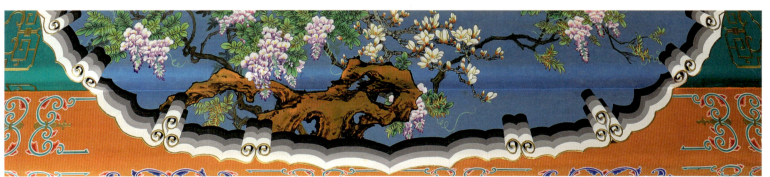

图 2-27 园博园古民居清中期花鸟图案包袱心三

图 2-28 园博园古民居清中期花鸟图案包袱心四

图 2-29 园博园古民居清中期花鸟图案包袱心五

图 2-30 园博园古民居清中期花鸟图案包袱心六

图 2-31 园博园古民居清中期花鸟图案包袱心七

图 2-32　园博园古民居清中期花鸟图案包袱心八

图 2-33　园博园古民居清中期花鸟图案包袱心九

图 2-34　园博园古民居清中期花鸟图案包袱心十

图 2-35　园博园古民居清中期花鸟图案包袱心十一

图 2-36　园博园古民居清中期花鸟图案包袱心十二

图 2-37　园博园古民居清中期花鸟图案包袱心十三

图 2-38 园博园古民居清中期花鸟图案包袱心十四

图 2-39 园博园古民居清中期花鸟图案包袱心十五

图 2-40 园博园古民居清中期花鸟图案包袱心十六

图 2-41 园博园古民居清中期花鸟图案包袱心十七

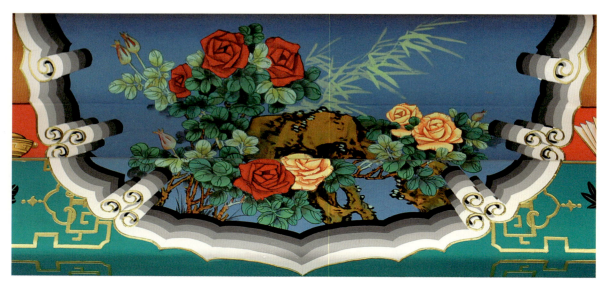

图 2-42　园博园古民居清中期花鸟图案包袱心十八

图 2-43　园博园古民居清中期花鸟图案包袱心十九

图 2-44 园博园古民居清中期花鸟图案包袱心二十

图 2-45 园博园古民居清中期花鸟图案包袱心二十一

图 2-46 园博园古民居清中期花鸟图案包袱心二十二

图 2-47 园博园古民居清中期花鸟图案包袱心二十三

3）找头及箍头部位纹饰

图 2-48 园博园古民居清中期包袱式苏画找头一

图 2-49 园博园古民居清中期包袱式苏画找头二

2. 清末期及以后包袱式苏画

　　与上述清中期包袱式苏画相比，古民居文化展示区部分四合院建筑所绘制的包袱式苏画为清末期及民国以后出现的新画法包袱式苏画，主要呈现以下特点：包袱烟云均绘有烟云托子；包袱形状丰满近似半圆形；与清中期包袱所占比例相比，后期包袱所占面积变小；包袱心内容以写实绘画为主，多绘制山水、花鸟等；找头、池子、盒子等次要部位绘制纹饰也趋于写实；总体呈现出生动活泼、诗情画意、雅俗共赏的特点。

图 2-50 园博园古民居清末期包袱式苏画一

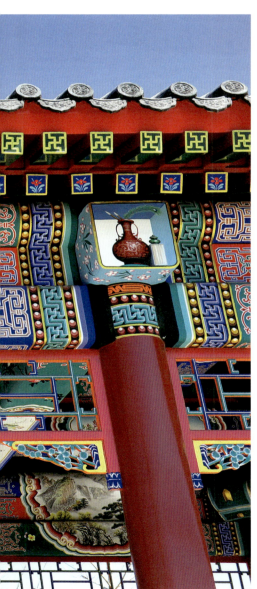

图 2-51 园博园古民居清末期包袱式苏画二

1）花鸟图案包袱心

包袱心以各种富有吉祥寓意的鸟类与代表富贵的牡丹、玉兰、海棠、月季等花卉相搭配，寓意吉祥如意。

孔雀在中国传说中有祥瑞之兆。作为百鸟之王凤凰降落凡间的化身，孔雀在彩画中具有重要地位。由于我国清朝的高级官员用孔雀翎毛做官帽的装饰品，称为花翎，有一眼、二眼、三眼之分。所谓"眼"，指孔雀翎毛尾梢的彩色斑纹。因此孔雀有祝愿升官之意。另外俗语有"凤凰不落无宝之地"、"孔雀落谁家，谁家就兴旺"的说法，所以孔雀也是居家展示、乔迁送礼的首选。同时，孔雀也用于结婚贺喜，寓意夫妻恩爱，白头偕老，对爱情忠贞不渝。

寿图中经常选用绶带鸟作为瑞禽，由于"绶"与"寿"、"带"与"代"谐音，因此绶带鸟便成了人们心目中长寿的象征。绶带鸟常常与水仙一同入画，叫做"代代寿仙"。绶带鸟还常常与梅、竹画在一起，梅表示"眉"，竹表示

图 2-52 园博园古民居清末期花鸟图案包袱心一

图 2-53 园博园古民居清末期花鸟图案包袱心二

"祝"，三者一起表示"齐眉祝寿"，用于祝贺夫妻双贺寿诞，寓意夫妻恩爱相敬，白头偕老。另外绶带是古代官吏佩官印所用的彩色丝带，寓意高官与长寿。枇杷绶带图案寓意四时吉祥，高官长寿。

> 燕子被视为吉祥报喜的长寿鸟；
>
> 喜鹊象征喜气临门，成双结对的喜鹊寓意双喜且生活美满；
>
> 仙鹤与松树搭配寓意松鹤延年，青春永驻；
>
> 猫和蝴蝶谐音"耄耋"，与寿石、菊花等搭配，寓意"寿居耄耋"；
>
> 金鱼谐音"金玉"，游弋在荷花塘中，寓意"金玉满堂"；
>
> 牡丹花和甲虫同绘寓意"富甲一方"；
>
> 白头翁鸟象征长寿，牡丹与白头翁搭配寓意"富贵到白头"；
>
> 荷花和燕子搭配寓意"海晏河清"；
>
> 喜鹊和梅花搭配寓意"喜上眉梢"；
>
> 公鸡和金鱼搭配寓意"吉庆有余"；
>
> 黄鹂与紫藤寓意"飞黄腾达"；
>
> 蝉与佛手寓意"禅心佛性"；
>
> 鸳鸯象征夫妻恩爱；
>
> 仙鹤象征长寿，仙风道骨；
>
> 鲤鱼象征成功、富裕；
>
> 麻雀和菊花搭配寓意"居家欢乐"。

图 2-54 园博园古民居清末期花鸟图案包袱心三

图 2-55 园博园古民居清末期花鸟图案包袱心四

图 2-56 园博园古民居清末期花鸟图案包袱心五

图 2-57　园博园古民居清末期花鸟图案包袱心六

图 2-58　园博园古民居清末期花鸟图案包袱心七

图 2-59 园博园古民居清末期花鸟图案包袱心八

图 2-60 园博园古民居清末期花鸟图案包袱心九

图 2-61 园博园古民居清末期花鸟图案包袱心十

图 2-62　园博园古民居清末期花鸟图案包袱心十一

图 2-63　园博园古民居清末期花鸟图案包袱心十二

图 2-64　园博园古民居清末期花鸟图案包袱心十三

图 2-65 园博园古民居清末期花鸟图案包袱心十四

图 2-66 园博园古民居清末期花鸟图案包袱心十五

图 2-67 园博园古民居清末期花鸟图案包袱心十六

图 2-68 园博园古民居清末期花鸟图案包袱心十七

图 2-69 园博园古民居清末期花鸟图案包袱心十八

图 2-70 园博园古民居清末期花鸟图案包袱心十九

图 2-71 园博园古民居清末期花鸟图案包袱心二十

图 2-72 园博园古民居清末期花鸟图案包袱心二十一

图 2-73 园博园古民居清末期花鸟图案包袱心二十二

图 2-74 园博园古民居清末期花鸟图案包袱心二十三

图 2-75 园博园古民居清末期花鸟图案包袱心二十四

图 2-76 园博园古民居清末期花鸟图案包袱心二十五

图 2-77 园博园古民居清末期花鸟图案包袱心二十六

图 2-78 园博园古民居清末期花鸟图案包袱心二十七

图 2-79 园博园古民居清末期花鸟图案包袱心二十八

图 2-80 园博园古民居清末期花鸟图案包袱心二十九

图 2-81 园博园古民居清末期花鸟图案包袱心三十

图 2-82 园博园古民居清末期花鸟图案包袱心三十一

图 2-83 园博园古民居清末期花鸟图案包袱心三十二

图 2-84 园博园古民居清末期花鸟图案包袱心三十三

图 2-85 园博园古民居清末期花鸟图案包袱心三十四

图 2-86 园博园古民居清末期花鸟图案包袱心三十五

图 2-87 园博园古民居清末期花鸟图案包袱心三十六

图 2-88 园博园古民居清末期花鸟图案包袱心三十七

图 2-89　园博园古民居清末期花鸟图案包袱心三十八

图 2-90　园博园古民居清末期花鸟图案包袱心三十九

图 2-91　园博园古民居清末期花鸟图案包袱心四十

图 2-92　园博园古民居清末期花鸟图案包袱心四十一

图 2-93 园博园古民居清末期花鸟图案包袱心四十二

图 2-94 园博园古民居清末期花鸟图案包袱心四十三

图 2-95 园博园古民居清末期花鸟图案包袱心四十四

图 2-96 园博园古民居清末期花鸟图案包袱心四十五

图 2-97 园博园古民居清末期花鸟图案包袱心四十六

图 2-98 园博园古民居清末期花鸟图案包袱心四十七

图 2-99 园博园古民居清末期花鸟图案包袱心四十八

图 2-100 园博园古民居清末期花鸟图案包袱心四十九

图 2-101 园博园古民居清末期花鸟图案包袱心五十

图 2-102 园博园古民居清末期花鸟图案包袱心五十一

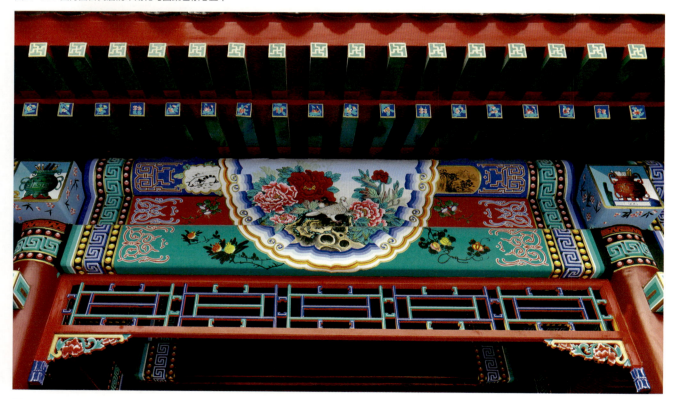

图 2-103 园博园古民居清末期花鸟图案包袱心五十二

2）线法山水图案包袱心

在抱厦明间等重要部位绘制线法山水图案包袱心，以工笔线法的绘画手法
表现亭台楼阁的建筑之美。

图 2-104 园博园古民居清末期线法山水图案包袱心一

图 2-105 园博园古民居清末期线法山水图案包袱心二

图 2-106　园博园古民居清末期线法山水图案包袱心三

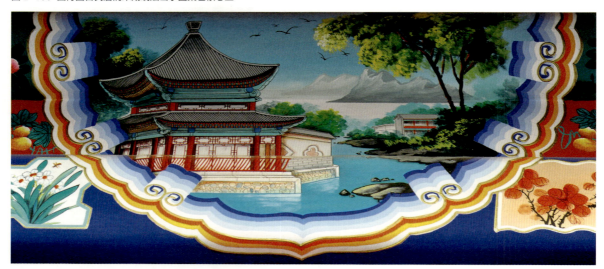

图 2-107　园博园古民居清末期线法山水图案包袱心四

图 2-108　园博园古民居清末期线法山水图案包袱心五

图 2-109 园博园古民居清末期线法山水图案包袱心六

图 2-110 园博园古民居清末期线法山水图案包袱心七

图 2-111 园博园古民居清末期线法山水图案包袱心八

图 2-112 园博园古民居清末期线法山水图案包袱心九

图 2-113 园博园古民居清末期线法山水图案包袱心十

图 2-114 园博园古民居清末期线法山水图案包袱心十一

图 2-115 园博园古民居清末期线法山水图案包袱心十二

图 2-116 园博园古民居清末期线法山水图案包袱心十三

图 2-117 园博园古民居清末期线法山水图案包袱心十四

3）写意山水图案包袱心

图 2-118　园博园古民居清末期写意山水图案包袱心一

图 2-119　园博园古民居清末期写意山水图案包袱心二

图 2-120　园博园古民居清末期写意山水图案包袱心三

图 2-121　园博园古民居清末期写意山水图案包袱心四

图 2-122 园博园古民居清末期写意山水图案包袱心五

图 2-123 园博园古民居清末期写意山水图案包袱心六

图 2-124 园博园古民居清末期写意山水图案包袱心七

图 2-125 园博园古民居清末期写意山水图案包袱心八

图 2-126　园博园古民居清末期写意山水图案包袱心九

图 2-127 园博园古民居清末期写意山水图案包袱心十

图 2-128 园博园古民居清末期写意山水图案包袱心十一

图 2-129 园博园古民居清末期写意山水图案包袱心十二

图 2-130 园博园古民居清末期写意山水图案包袱心十三

图 2-131　园博园古民居清末期写意山水图案包袱心十四

图 2-132　园博园古民居清末期写意山水图案包袱心十五

图 2-133　园博园古民居清末期写意山水图案包袱心十六

图 2-135 西海固各民族清末期写意山水图案色彩纹六十八

图 2-134 西海固各民族清末期写意山水图案色彩纹六十七

图 2-136 园博园古民居清末期写意山水图案包袱心十九

图 2-137 园博园古民居清末期写意山水图案包袱心二十

图 2-138 园博园古民居清末期写意山水图案包袱心二十一

图 2-139 园博园古民居清末期写意山水图案包袱心二十二

图 2-140 园博园古民居清末期写意山水图案包袱心二十三

图 2-141 园博园古民居清末期写意山水图案包袱心二十四

图 2-142 园博园古民居清末期写意山水图案包袱心二十五

图2-143 园博园古民居清末期写意山水图案包袱心二十六

图2-144 园博园古民居清末期写意山水图案包袱心二十七

图 2-145 园博园古民居清末期写意山水图案包袱心二十八

图 2-146 园博园古民居清末期写意山水图案包袱心二十九

图 2-147 园博园古民居清末期写意山水图案包袱心三十

4）洋山水图案包袱心

图 2-148 园博园古民居清末期洋山水图案包袱心一

图 2-149 园博园古民居清末期洋山水图案包袱心二

5）找头、箍头部位纹饰

图 2-150　园博园古民居清末期包袱式苏画色卡子

图 2-151　园博园古民居清末期包袱式苏画色卡子找头

图 2-152 园博园古民居清末期包袱式苏画黄卡子找头

图 2-153 园博园古民居清末期包袱式苏画软硬卡子找头

图 2-154 园博园古民居清末期包袱式苏画找头

6）聚锦纹饰

聚锦是找头部位的重要纹饰，用于青色找头中方心或包袱的两边。由聚锦壳和聚锦心两部分组成，聚锦壳为仿生仿物的象形图案，聚锦心是小型白活的绘画部位。聚锦壳造型丰富，有仿物图形如扇面、斗方形；有仿生图形如植物的叶子、果实和珍禽等。聚锦心图案多采用水墨画技法绘画人物、山水和花鸟鱼虫等题材。

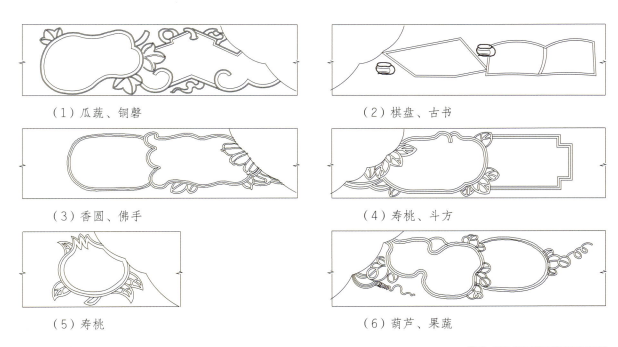

（1）瓜蔬、铜磬　　　　　　　　（2）棋盘、古书

（3）香圆、佛手　　　　　　　　（4）寿桃、斗方

（5）寿桃　　　　　　　　　　　（6）葫芦、果蔬

图 2-155 苏画聚锦造型画法图例

图 2-156 园博园古民居清末期苏画聚锦纹饰一

图 2-157 园博园古民居清末期苏画聚锦纹饰二

图 2-158 园博园古民居清末期苏画聚锦纹饰三

图 2-159 园博园古民居清末期苏画聚锦纹饰四

图 2-160 园博园古民居清末期苏画聚锦纹饰五

图 2-161 园博园古民居清末期苏画聚锦纹饰六

图 2-162 园博园古民居清末期苏画聚锦纹饰七

图 2-163 园博园古民居清末期苏画聚锦纹饰八

图 2-164 园博园古民居清末期苏画聚锦纹饰九

图 2-165 园博园古民居清末期苏画聚锦纹饰十

图 2-166 园博园古民居清末期苏画聚锦纹饰十一

图 2-167 园博园古民居清末期苏画聚锦纹饰十二

图 2-168 园博园古民居清末期苏画聚锦纹饰十三

图 2-169 园博园古民居清末期苏画聚锦纹饰十四

图 2-170 园博园古民居清末期苏画聚锦纹饰十五

图 2-171 园博园古民居清末期苏画聚锦纹饰十六

图 2-172 园博园古民居清末期苏画聚锦纹饰十七

图 2-173 园博园古民居清末期苏画聚锦纹饰十八

图 2-174 园博园古民居清末期苏画聚锦纹饰十九

图 2-175 园博园古民居清末期苏画聚锦纹饰二十

图 2-176 园博园古民居清末期苏画聚锦纹饰二十一

图 2-177 园博园古民居清末期苏画聚锦纹饰二十二

图 2-178　园博园古民居清末期苏画聚锦纹饰二十三

图 2-179　园博园古民居清末期苏画聚锦纹饰二十四

图 2-180 园博园古民居清末期苏画聚锦纹饰二十五

图 2-181 园博园古民居清末期苏画聚锦纹饰二十六

图 2-182　园博园古民居清末期苏画聚锦纹饰二十七

图 2-183　园博园古民居清末期苏画聚锦纹饰二十八

图 2-184 园博园古民居清末期苏画聚锦纹饰二十九

图 2-185 园博园古民居清末期苏画聚锦纹饰三十

图 2-186 园博园古民居清末期苏画聚锦纹饰三十一

图 2-187 园博园古民居清末期苏画聚锦纹饰三十二

图 2-188 园博园古民居清末期苏画聚锦纹饰三十三

图 2-189 园博园古民居清末期苏画聚锦纹饰三十四

图 2-190 园博园古民居清末期苏画聚锦纹饰三十五

图 2-191 园博园古民居清末期苏画聚锦纹饰三十六

图 2-192　园博园古民居清末期苏画聚锦纹饰三十七

图 2-193　园博园古民居清末期苏画聚锦纹饰三十八

图 2-194　园博园古民居清末期苏画聚锦纹饰三十九

图 2-195　园博园古民居清末期苏画聚锦纹饰四十

图 2-196　园博园古民居清末期苏画聚锦纹饰四十一

图 2-197　园博园古民居清末期苏画聚锦纹饰四十二

图 2-198 园博园古民居清末期苏画聚锦纹饰四十三

图 2-199 园博园古民居清末期苏画聚锦纹饰四十四

图 2-200 园博园古民居清末期苏画聚锦纹饰四十五

图 2-201 园博园古民居清末期苏画聚锦纹饰四十六

图 2-202 园博园古民居清末期苏画聚锦纹饰四十七

图 2-203 园博园古民居清末期苏画聚锦纹饰四十八

图 2-204　园博园古民居清末期苏画聚锦纹饰四十九

图 2-205　园博园古民居清末期苏画聚锦纹饰五十

图 2-206　园博园古民居清末期苏画聚锦纹饰五十一

图 2-207 园博园古民居清末期苏画聚锦纹饰五十二

图 2-208 园博园古民居清末期苏画聚锦纹饰五十三

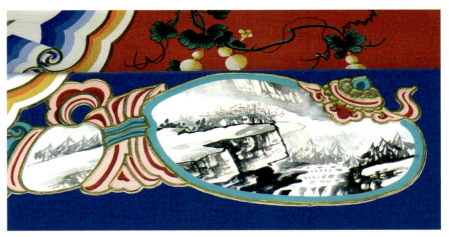

图 2-209 园博园古民居清末期苏画聚锦纹饰五十四

图 2-210 园博园古民居清末期苏画聚锦纹饰五十五

图 2-211 园博园古民居清末期苏画聚锦纹饰五十六

图 2-212 园博园古民居清末期苏画聚锦纹饰五十七

图 2-213 园博园古民居清末期苏画聚锦纹饰五十八

图 2-214 园博园古民居清末期苏画聚锦纹饰五十九

图 2-215 园博园古民居清末期苏画聚锦纹饰六十

二、方心式苏画

1. 清中期方心式苏画

古民居文化展示区四合院建筑中部分建筑采用清中期方心式苏画，其具有以下特点：方心轮廓采用线式方心；岔口使用软卷草单线岔口；箍头色为青色、找头色为绿色、楞线为青色；方心内画题绘写实绘画内容；找头形式为双卡子聚锦找头和双卡子折枝花卉纹找头；垫板部位放置两组或三组池子，内绘制博古、花卉、金鱼、桃柳燕。

图 2-216 园博园古民居清中期方心式苏画一

1）方心图案

图 2-217 园博园古民居清中期方心图案一

图 2-218 园博园古民居清中期方心图案二

2）找头、箍头部位纹饰

图 2-219　园博园古民居清中期方心式苏画找头一

图 2-220　园博园古民居清中期方心式苏画找头二

2. 清末期及以后方心式苏画

　　古民居文化展示区四合院建筑群中部分建筑所绘制的方心式苏画包括清末期及民国以后的新画法方心式苏画，具有以下特点：方心轮廓为线式方心；烟云岔口使用硬画法单线岔口或软烟云岔口画法；方心内绘制花卉、山水、鱼虫等写实内容；找头部位采用单卡子折枝花找头。

图 2-221 园博园古民居清末期方心式苏画一

图 2-222 园博园古民居清末期方心式苏画二

图 2-223 园博园古民居清末期方心式苏画三

图 2-224 园博园古民居清末期方心图案四

图 2-225 园博园古民居清末期方心图案五

图 2-226 园博园古民居清末期方心图案六

图 2-227 园博园古民居清末期方心图案七

图 2-228 园博园古民居清末期方心图案八

图 2-229 园博园古民居清末期方心图案九

图 2-230 园博园古民居清末期方心图案十

图 2-231 园博园古民居清末期方心图案十一

图 2-232 园博园古民居清末期方心图案十二

图 2-233 园博园古民居清末期方心图案十三

图 2-234 园博园古民居清末期方心图案十四

图 2-235 园博园古民居清末期方心图案十五

图 2-236 园博园古民居清末期方心图案十六

图 2-237 园博园古民居清末期方心图案十七

图 2-238 园博园古民居清末期方心图案十八

图 2-239 园博园古民居清末期方心图案十九

图 2-240 园博园古民居清末期方心图案二十

图 2-241 园博园古民居清末期方心图案二十一

图 2-242 园博园古民居清末期方心图案二十二

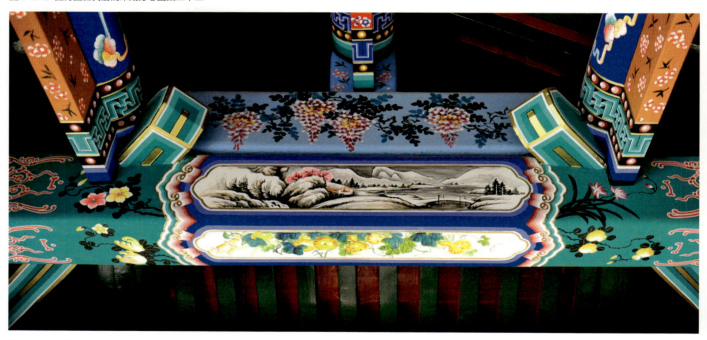

图 2-243 园博园古民居清末期方心图案二十三

三、海墁式苏画

海墁式苏画的构图形式具有很强的开放性和适应性，可以弥补包袱式和方心式在装饰复杂构件中存在的局限性。所以海墁苏画常以配合包袱式或方心式彩画的形式，出现在上述两种彩画无法绘制的位置。

海墁苏画纹饰内容题材很广泛，内容在清早、中期尤为丰富。这一时期的海墁苏画呈现出各种带有吉祥寓意的纹饰，包括流云、夔龙、夔凤、夔蝠、花卉、博古、蝙蝠、仙鹤等。至清代晚期，海墁苏画的图案纹饰则有所简化，趋于写实，演变成以流云、花卉、博古为主要内容的纹饰。

图 2-244　园博园古民居海墁式苏画一

图 2-245 园博园古民居海墁式苏画二

图 2-246 园博园古民居海墁式苏画三

图 2-247 园博园古民居海墁式苏画四

图 2-248 园博园古民居海墁式苏画五

清中期苏式彩画枵头部位采用寿字纹及夔龙纹图案进行装饰，枵邦采用落地梅图案进行装饰。

寿字纹是一种将寿字进行图案化的纹饰，《诗经》中列长寿为九五福之首，寓意长寿。

夔龙纹是将龙的形象简化的一种纹饰，古人认为它是最高的祥瑞，是英勇、权威和尊贵的象征。

清末期及以后时期的苏式彩画，枵头部位采用花卉图案及博古图案，枵邦采用藤萝及竹叶梅图案进行装饰。

图 2-249 园博园古民居清中期夔龙纹枵头

图 2-250 园博园古民居清中期寿字纹枵头

图 2-251 园博园古民居清末期柁头及柱头纹饰一

图 2-252 园博园古民居清末期柁头及柱头纹饰二

图 2-253 园博园古民居枕头博古纹饰

图 2-254 园博园古民居枋头博古纹饰

图 2-255 园博园古民居枕头花卉纹饰

图 2-256 园博园古民居枕头花卉纹饰

第四节
檐头彩画

一、椽头

椽头彩画包括飞檐椽头和老檐椽头两个部位的彩画，飞檐形状多为方形，老檐为方形或圆形。依据建筑规模不同，椽头大小各异。图案简单醒目，形式内容与檩垫枋彩画相互匹配。

园博园古民居四合院建筑飞檐椽头彩画内容使用万字图案，具有工整、精细、醒目的特点。底色漆绿色、沥粉涂金色。老檐椽头彩画绘青地、金色边框，内绘百花图、福寿（蝙蝠与寿桃）、寿字或彩柿子花，寓意吉祥。椽望漆"红帮绿地"。

百花椽头一　　　　　　百花椽头二　　　　　　柿子花椽头

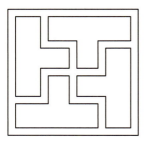  

万字椽头　　　　　　　福寿椽头　　　　　　　寿字椽头

图 2-257　园博园古民居椽头彩画图示

图 2-258 园博园古民居檐头彩画一（飞檐椽头万字、老檐椽头福寿）

图 2-259 园博园古民居檐头彩画二（飞檐椽头万字、老檐椽头百花图）

图 2-260 园博园古民居檐头彩画三（飞檐椽头万字、老檐椽头寿字）

图 2-261 园博园古民居檐头彩画四（飞檐椽头万字、老檐椽头柿子花）

图 2-262 园博园古民居椽望施色

二、角梁

角梁位于四坡顶建筑中正面与侧面屋顶相交处，即垂脊处，是最下一架斜置并伸出柱子以外的木梁。角梁分两层，下层在清代叫老角梁；伏在老角梁上面的叫仔角梁。

古民居文化展示区四合院建筑角梁绘法使用金边框、金老角梁方式。老角梁全部、仔角梁两侧面基底设大绿；角梁边框轮廓描金；老角梁底面及正面居中部位做金老，金老外做齐金黑绦；老角梁及仔角梁两侧面金边框里面拉饰大粉并拉饰晕色。

图 2-263 园博园古民居角梁彩画一

图 2-264 园博园古民居角梁彩画二

图 2-265 园博园古民居角梁彩画三

图 2-266 园博园古民居角梁彩画四

绘制在立体雕刻花纹上的雀替、花活彩画与拥有丰富内容、精致细腻的大木彩画相互辉映，使建筑物整体效果更加华美。

一、雀替

雀替是中国古建筑的特色构件之一，置于梁枋与柱的交接位置，起到承托梁枋的作用，并可缩短梁枋的净跨距离。雀替的制式形式于北魏期间已具雏形，但直至明代才被广泛应用，至清代成为一种风格独特的构件。其形好似双翼附于柱头两侧，其轮廓曲线以及油漆雕刻极富装饰趣味，为结构与美学相结合的产物。

古民居文化展示区四合院建筑中雀替的彩画绘制采用金大边纠粉卷草雀替：池心内卷草以青、绿二色相间设色；卷草细部做纠粉；雀替内所雕刻山石设为青色，细部做纠纷；卷草花纹外的空地做朱红色油饰；雀替翘设为绿色，升斗设为青色；雀替底面的曲面，靠升的第一段设绿、第二段设青、第三段设绿，分段多的均按此法间隔设色；翘、升轮廓线及雀替底面各分段线均沥粉描金。

图 2-267　园博园古民居卷草雀替

图 2-268 园博园古民居雀替彩画一

图 2-269 园博园古民居雀替彩画二

二、花板

花板通常用于垂花门、牌楼等建筑上，由大边、花板大线、花板心构成。垂花门花板雕刻内容通常以卷草和四季花草为主。

古民居文化展示区四合院建筑垂花门花板使用纠粉花板做法：花板大边按花板块数做一青一绿的相间式设色；池心绘卷草，卷草迎面以青、绿二色做相间式设色；卷草外弧阳面做渲染纠粉、侧面掏刷丹色。

图 2-270 园博园古民居花板彩画一

图 2-271 园博园古民居花板彩画二

三、楣子

　　楣子位于游廊建筑外侧或游廊柱间上部，其透空的效果在建筑中主要起装饰作用，使建筑立面层次更加丰富。楣子分倒挂楣子、花罩楣子和垂花楣子。倒挂楣子由边框、棂条及花牙子雀替组成。

　　古民居文化展示区四合院建筑中，楣子采用清中期和清末期两种不同风格。清中期楣子边框刷饰成一间青一间绿的青、绿相间颜色，清末期楣子边框刷朱红色；棂条做有规律的青、绿相间式设色，并在棂条迎面正中拉饰细白色线，侧面掏刷丹色；花牙子纹饰使用卷草、牡丹花、竹叶等样式，做法为纠粉。

图2-272 园博园古民居清中期风格楣子彩画

图 2-273 园博园古民居清末期风格楣子彩画

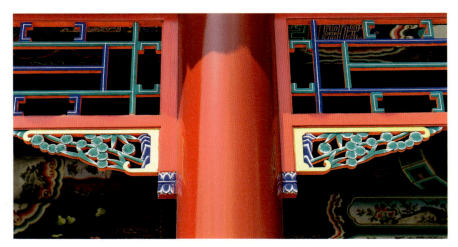

图 2-274 园博园古民居竹叶花牙子楣子彩画

图 2-275 园博园古民居牡丹花牙子楣子彩画

图 2-276 园博园古民居卷草花牙子楣子彩画

四、门簪

门簪位于大门、垂花门上，起到固定连楹的作用，同时具有装饰作用，其形状为圆柱形或六角柱形。俗语"门当户对"中的"户对"即指门簪，因此门簪也具有身份等级的象征。传统门簪数量大户人家设四枚、平民百姓家设两枚。

古民居文化展示区四合院建筑广亮大门设四枚门簪，青色底，上沥粉描金写"吉祥如意"四字；垂花门门簪设四枚，青色底，上沥粉描金写"寿"字。

图 2-277 园博园古民居吉祥如意门簪

图 2-278 园博园古民居寿字门簪一

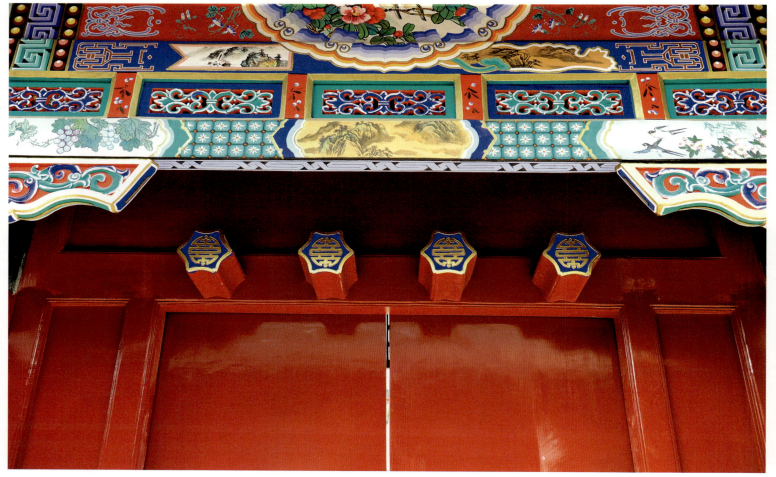

图 2-279　园博园古民居寿字门簪二

五、垂莲柱

垂莲柱位于建筑垂花门麻叶梁头下方的位置，其形态为一对倒悬的短柱，柱头向下，头部雕饰出莲瓣、串珠、花萼云或石榴头等形状，酷似一对含苞待放的花蕾。垂莲柱是垂花门中具有代表性的构件之一，具有很强的装饰作用。

古民居文化展示区四合院建筑垂花门上所使用的垂莲柱垂头为倒垂莲型，亦称风摆柳，采用多瓣雕刻形式，瓣数为四的倍数，颜色按青、香、绿、紫顺序绕垂头排列，各色加晕刷金，束腰连珠部分满金。

图 2-280 园博园古民居垂莲柱彩画一

图 2-281 园博园古民居垂莲柱彩画二

图 2-282 园博园古民居垂莲柱彩画三

六、迎风板

迎风板又称门头板，是位于大门或垂花门之上横披部分的整板，常根据其尺寸在上面进行油饰或绘制彩画。通常迎风板彩画正面画题为代表吉祥、富贵的百花鸟语，寓意聚集各方灵秀之气；迎风板背面画题以威震降魔、避邪除妖为主，寓意扼守宅邸。

图 2-283 园博园古民居迎风板彩画一

图 2-284 园博园古民居迎风板彩画二

图 2-285 园博园古民居迎风板彩画三

图 2-286 园博园古民居迎风板彩画四

图 2-284 园博园古民居迎风板彩画二

图 2-285 园博园古民居迎风板彩画三

图 2-286 园博园古民居迎风板彩画四

图 2-287 园博园古民居迎风板彩画五

图 2-288 园博园古民居迎风板彩画六

图 2-289 园博园古民居迎风板彩画七

第六节
天花彩画

天花彩画种类繁多，依据建筑的功能而定。天花彩画包括天花板和支条两部分，天花板从外到内由大边、岔角、鼓子心三部分组成，划分三部分的两层线分别叫做方鼓子线和圆鼓子线。

古民居文化展示区四合院建筑内，大门天花使用攒退硬蘷龙寿字天花：方鼓子线和圆鼓子线沥粉罩涂朱红色；鼓子心以浅香色为底色，玉做硬蘷龙；岔角位置以三绿色为底色，玉做把子草；天花大边平涂沙绿色；井口窝角线描金；支条平涂大绿色；辋辘沥粉描金、攒退燕尾云。

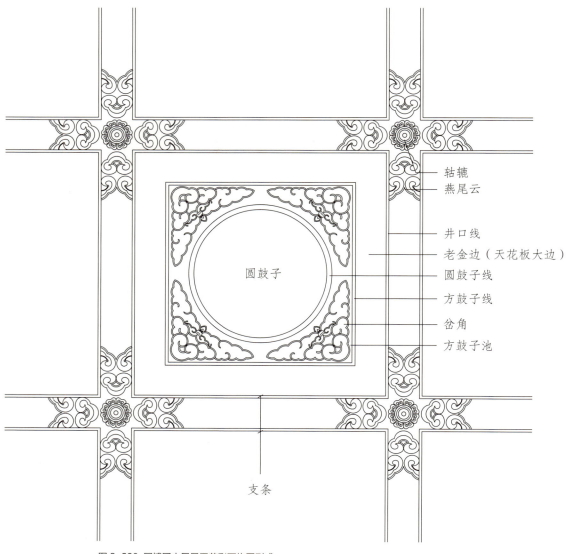

辋辘
燕尾云

井口线
老金边（天花板大边）
圆鼓子线
方鼓子线
岔角
方鼓子池

圆鼓子

支条

图 2-290 园博园古民居天花彩画构图形式

图 2-291 园博园古民居夔龙图案天花彩画图示

图 2-292 园博园古民居夔龙图案天花彩画一

图 2-293 园博园古民居夔龙图案天花彩画二

古民居文化展示区部分院落大门抱厦天花使用灵仙祝寿天花：方鼓子线和
圆鼓子线沥粉描金；鼓子心以群青色为底色，团鹤、寿桃、灵芝作染；岔角位
置以二绿色为底色，岔角云攒退；天花大边平涂沙绿色；井口窝角线描金；支
条平涂大绿色；轱辘沥粉描金、攒退燕尾云。

图 2-294 园博园古民居团鹤图案天花彩画图示

图 2-295 园博园古民居团鹤图案天花彩画一

图 2-296 园博园古民居团鹤图案天花彩画二

　　游廊内天花使用百花图天花：方鼓子线和圆鼓子线沥粉描金；鼓子心以群青色为底色，作染各式花卉；岔角位置以二绿色为底色，岔角云攒退；天花大边平涂沙绿色；井口窝角线描金；支条平涂大绿色；轱辘沥粉描金、攒退燕尾云。

图 2-297　园博园古民居百花图图案天花彩画图示

图 2-298　园博园古民居百花图图案天花彩画一

图 2-299 园博园古民居百花图图案天花彩画二

图 2-300 园博园古民居百花图图案天花彩画三

图 2-301 园博园古民居百花图图案天花彩画四

图 2-302 园博园古民居百花图图案天花彩画五

图 2-303 园博园古民居百花图图案天花彩画六

图 2-304 园博园古民居百花图图案天花彩画七

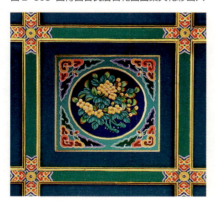

图 2-305 园博园古民居百花图图案天花彩画八

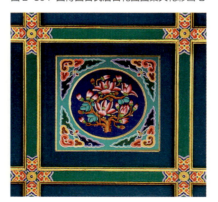

图 2-306 园博园古民居百花图图案天花彩画九

图 2-307 园博园古民居百花图图案天花彩画十

什锦窗主要设在分隔内外院的"看面墙"之上，鉴于"看面墙"的重要地位，人们往往对墙心进行雕饰或在墙上开设形状不同的什锦漏窗。什锦窗形状多样、丰富活泼，包括圆形、桃形、扇面、八角、套方、六角、十字等，构成一幅幅立体景框，为院落空间增添了许多趣味。什锦窗彩画源自清晚期，在什锦漏窗上装设双层玻璃，在玻璃上绘制花鸟、鱼虫等图案。

圆形　　　　　　　六角　　　　　　　八角

方胜　　　　　　　梅花　　　　　　　扇面

斜十字　　　　　　马鞍　　　　　　　寿桃

枕头　　　　　　　十字　　　　　　　梅花

图 2-308 园博园古民居什锦窗造型图示

图 2-309 园博园古民居什锦窗彩画图示

图 2-310 园博园古民居什锦窗彩画一

图 2-311 园博园古民居什锦窗彩画二

图 2-312 园博园古民居什锦窗彩画三

图 2-313 园博园古民居什锦窗彩画四

图 2-314 园博园古民居什锦窗彩画五

图 2-315 园博园古民居什锦窗彩画六

图 2-316 园博园古民居什锦窗彩画七

图 2-317 园博园古民居什锦窗彩画八   图 2-318 园博园古民居什锦窗彩画九

图 2-319 园博园古民居什锦窗彩画十   图 2-320 园博园古民居什锦窗彩画十一

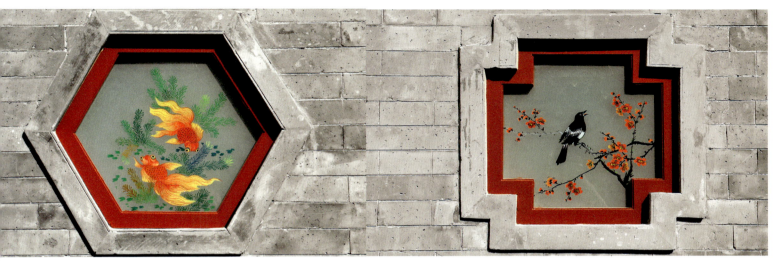

图 2-321 园博园古民居什锦窗彩画十二　　　　　　　　　图 2-322 园博园古民居什锦窗彩画十三

图 2-323 园博园古民居什锦窗彩画十四　　　　　　　　　图 2-324 园博园古民居什锦锦窗彩画十五

图 2-325　园博园古民居什锦窗彩画十六

图 2-326　园博园古民居什锦窗彩画十七

图 2-327 园博园古民居什锦窗彩画十八

图 2-328 园博园古民居什锦窗彩画十九

图 2-329 园博园古民居什锦窗彩画二十

图 2-330 园博园古民居什锦窗彩画二十一

图 2-331 园博园古民居什锦窗彩画二十二

图 2-332 园博园古民居什锦窗彩画二十三

图 2-333 园博园古民居什锦窗彩画二十四

图 2-334 园博园古民居什锦窗彩画二十五

图 2-334 园博园古民居什锦窗彩画二十五

图 2-335 园博园古民居什锦窗彩画二十六

图 2-336 园博园古民居什锦窗彩画二十七

图 2-337 园博园古民居什锦窗彩画二十八

图 2-338 园博园古民居什锦窗彩画二十九

图 2-339 园博园古民居什锦窗彩画三十

图 2-340 园博园古民居什锦窗彩画三十一

第八节
山花彩画

在古民居文化展示区四合院建筑中，重要建筑采用歇山屋顶形式，在两侧山花板部分装饰有用金钱和绥带组成的纹饰。红色做底，上用单一金色绘制绥带，尽显金碧辉煌。

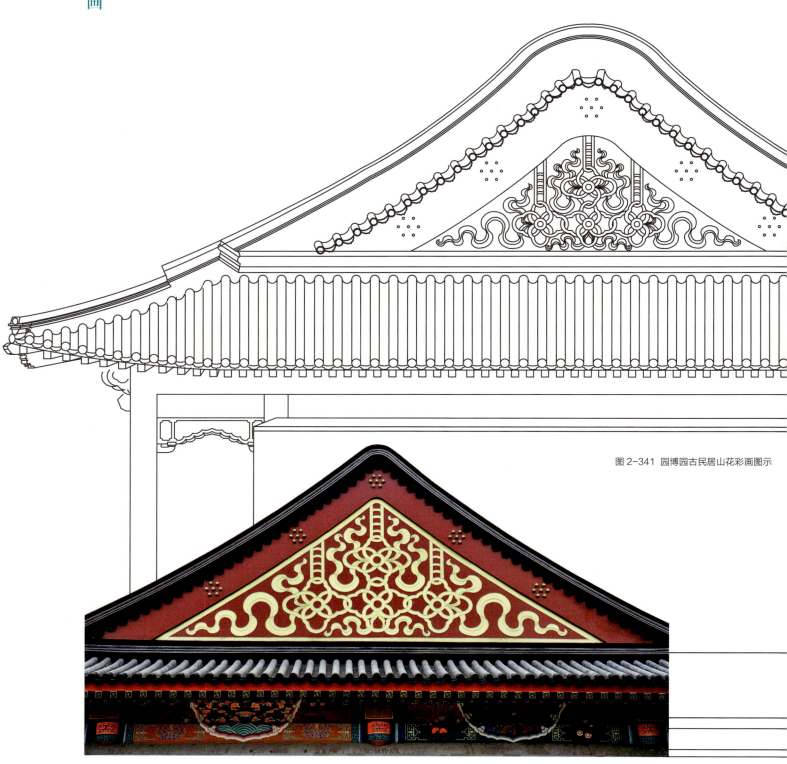

图 2-341 园博园古民居山花彩画图示

图 2-342 园博园古民居山花彩画

第
三
章

四合院建筑彩画工艺

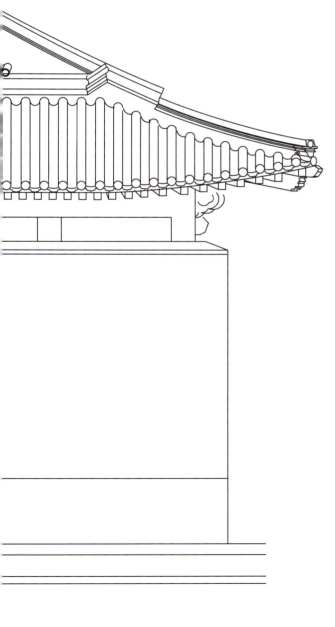

图 3-1 园博园古民居施工工艺——彩画绘制

中国建筑艺术自始至终强调一个"巧"，古人常讲"巧于因借"、"巧夺天工"。而在中国古建筑彩画绚丽壮观的表面之下汇聚了古代"匠人"对于研制彩画的特殊制作技艺，称为彩画工艺，其中最重要的就是"油作"与"画作"。

古民居文化展示区四合院建筑彩画内容丰富、形式多样、寓意吉祥，均由专业古建"画匠"依照传统彩画工艺绘制而成。

"早期建筑上的色彩油饰，是没有明显区分的，它们都有保护木构件的作用，也都有色彩装饰作用。随着人类建筑活动的发展，油漆和彩画出现了明确分工，至明清时期，官式作法已有'油作'与'画作'之分，凡用于保护构件的油灰地仗、油皮及相关的涂料刷饰，被统称为'油饰'，而用于装饰建筑的各种彩画、图案线条、色彩被统称为'彩画'。"（引自马炳坚《北京四合院建筑》）

"最初是为了实用，为了适应木结构上防腐防蠹的实际需要，普遍地用矿物原料的丹或朱，以及黑漆桐油等涂料敷饰在木结构上；后来逐渐和美术上的要求统一起来，变得复杂丰富，成为中国建筑艺术特有的一种方法。"（引自林徽因《中国建筑彩画图案·序》）

"油作"包含地仗工艺和油皮工艺。

按明清建筑传统的工程做法，进行油饰彩绘前要在木构件表面分层刮涂调制的灰料作为底层，为防止灰料干后龟裂剥离，刮涂过程中还要披麻或糊布，此工序称作地仗。地仗是做油饰彩画过程中必不可少的一步。在古代建筑中，彩画木构件均采用传统的"一麻五灰"地仗工艺。待地仗完成后，专业画匠在指定的构件表面按照传统彩画施工顺序进行彩画绘制。

古语"远为势，近为形，远观是势，近观是形，千尺为势，百尺为形"。古民居建筑彩画，远观则显"门第宅院之势"，近观则显"彩画工艺之形"。地仗工艺的好坏不仅影响油饰彩画等保存年限的长短，还直接决定油饰彩画直观效果表达的成败。

而油皮工艺仅指在地仗完成后涂刷油漆的施工工序，较古建彩画而言，油皮仅为单纯的涂刷油漆工艺。油皮工艺的好坏也直接影响建筑整体效果表达的成败。

按明清建筑传统的工程做法，画匠在施彩过程中已经形成一套既定的施工顺序，不仅加快了彩画的绘制速度，还保证彩画在既定规制下的完美表达，此施工工序称为"画作"。至今，这套彩画绘制工艺仍旧为匠人所依循。古民居建筑彩画均依传统施工顺序、采用传统绘制工艺精心绘制。

古民居文化展示区四合院建筑是采用现代混凝土材料，按照传统建筑制式营建的"仿古民居建筑"。建筑中除垂花门、连廊、抱厦、敞厅等建筑为大木结构外，其他建筑均为钢筋混凝土框架结构，檐头及外装饰部位采用木构件。按照古建彩画规制，四合院建筑中的檩、垫、枋、椽头、枢头、柱头等部位均施以彩画，彩画选用形式为清中期及清晚期苏式彩画。

古民居文化展示区四合院建筑中大木结构均选用传统的"一麻五灰"地仗工艺，混凝土结构采用现代地仗工艺处理。

一、传统一麻五灰地仗工艺

（一）地仗前木构件的表面处理

1. 斩砍挠净

新作木构件表面平整、光滑，与地仗油灰等难以粘结牢固，所以在上油灰之前，需要对新作木构件进行"斩、砍"，即使用小斧子将其光面砍麻、砍出斧痕，增加其与油灰间的摩擦力。砍活时要斜向砍，斧痕间距 150mm 左右，深度以 1mm 左右为宜，斧痕间距、深浅应一致，不得损伤木骨。对于木件本身表面的灰尘、杂物等，使用挠子挠净。

图 3-2 园博园古民居施工工艺——砍、挠木构件

2. 撕缝

木件风干以后，极易产生一些细小的纹路、缝隙，由于其尺度过窄，油灰颗粒等难以填实，故工程中常用铲刀将木缝撕成 ∨ 字形，直至缝内侧见新木茬止，以便油灰易于嵌实。撕缝工作应彻底，大小不一均应撕成 ∨ 形缝。同时对于木件表面如有翘岔时，应用钉子钉牢或去掉。

图 3-3 园博园古民居施工工艺——撕缝   图 3-4 园博园古民居施工工艺——楦缝

3. 楦缝

木件缝撕开清净以后，对于较宽的缝隙应用木条嵌实钉牢，此作法称为"楦缝"。重要建筑或部位的木缝内要下竹钉，以防木材涨缩将油灰挤出。竹钉间距约为 150mm，两钉之间再下竹扁或木条，最后用刨子把木条和木件表面刨平。楦缝要求达到楦实、楦牢、楦平的程度。

4. 下竹钉

为防止木件受外面天气影响，而产生膨胀收缩造成裂缝、地仗开裂等，常在木件木缝中钉入竹钉，以约束木件的变形程度，从而保障地仗不致开裂。下竹钉一般顺序为先下两头，再下中间，轻轻敲打，至一定深度以后，按顺序同时钉牢。原则上应保证每条裂缝都下竹钉。

图 3-5 园博园古民居施工工艺——下竹钉

5. 汁浆

汁浆又称油浆，为增强木基层与油灰之间的粘接，直接涂刷在木基层上。一般在做灰前都在木基层表面汁一道油浆。油浆要调配均匀、不宜过稠，同时刷浆时要刷匀刷到、不得漏刷。

（二）"一麻五灰"

"一麻五灰"是地仗处理的工艺名称，整个过程中包含"一"麻、"五"灰，五道灰依次为捉缝灰、通灰、压麻灰、中灰、细灰。待"一麻五灰"之后，其上会依次进行"钻生"、"补油"，以使构件达到"平"、"直"、"圆"、"顺"。

1. 捉缝灰

待汁浆干毕，用笤帚将木件打扫干净，用铁板打起油灰，向缝内捉之（横披竖划），使缝内油灰饱满，切忌蒙头灰（指缝内无灰，缝外有灰）。木件有缺陷者，应以铁板衬平借圆，即补平、补直、补齐，柱头、柱根等处要找直借圆，自然风干。干后，用金刚石或缸瓦片打磨，用铲刀修理整齐，用笤帚扫净，再用水布掸抹，去除表面浮灰。

图 3-6 园博园古民居施工工艺
——第一道灰：捉缝灰
图 3-7 园博园古民居施工工艺
——第二道灰：通灰

2. 通灰

通灰又名扫荡灰，做在捉缝灰上面，是使麻的基础，同时常用这道灰对木件表面进行找平补直。工程中常三人一组，一起操作，细分工作为上灰、过板和找灰。上灰指用皮子在木件表面上下反复上灰，过板指用板子刮平找圆，找灰指用铁板打找捡灰，检查余灰和落地灰，把木件上的油灰找得达到要求的平直度。油灰干后，用金刚石或砂轮石磨去飞翅及浮籽，再以笤帚打扫，用水布掸净。

3. 使麻

　　使麻是为了在地仗中起到拉接的作用，使得地仗的油灰层不易开裂，以延年耐久。操作过程分为开头浆、粘麻、轧干压、潲生、水压、整理、磨麻共七道工序。

　　1）开头浆：用糊刷蘸麻油浆（油满血料比为 1：1.2）涂于扫荡灰上，其厚度以浸透麻筋为度，注意随使麻厚度调整浆的厚度，不宜过度。

　　2）粘麻：将梳好的麻平铺在麻油浆上，要横着木纹粘，遇木件交接处和阴阳角处，虽两处木纹不同，也要按缝横粘，麻的厚度要均匀一致。

　　3）轧干压：名为轧麻，麻经粘上后，以若干人用麻压子先由鞍角着手，逐次轧实，顺序为鞍角、边线，后压大面，反复轧压，直至表面没有麻线为止，注意鞍角不得翘起，麻丝应压实、压严。

　　4）潲生：麻丝压严以后，在四成油满中掺入六成的净水混合，调匀，以糊刷涂于压实的麻面上，以不露干麻为限，且不宜过厚。

图 3-8　园博园古民居施工工艺——使麻：开头浆、粘麻

图 3-9　园博园古民居施工工艺
　　　　——使麻：轧干压

图 3-10　园博园古民居施工工艺
　　　　——使麻：轧干压细部一

图 3-11　园博园古民居施工工艺
　　　　——使麻：轧干压细部二

　　5）水压：稍生后，用麻压子尖将麻翻虚，不要全翻，以防内有虚麻和干麻，翻起后再行轧实，并将余浆轧出，以防干后出现空隙起凸现象。水压以后的麻面基本就被压实了。

　　6）整理：水压后再复压一遍，进行详细检查，如有鞧角崩起，棱线浮起或麻筋松动者，应予修好。

　　7）磨麻：油浆和麻丝自然风干以后，用砂轮石磨麻，磨到起麻线，包括鞧角线路都要磨到。

　　使麻工艺是传统"一麻五灰"地仗工艺中的主要工序，不允许有崩鞧（鞧角开裂）、露仔、涡浆的出现。麻线要铺的均匀一致，麻要用足、用够。

图 3-12　园博园古民居施工工艺——使麻：稍生、水压、整理

图 3-13　园博园古民居施工工艺——使麻：磨麻

4. 压麻灰

麻干后，用笤帚打扫，用水布掸净，用皮子将压麻灰涂于麻上，来回轧实，利于油灰与麻层结合。然后在上面再覆一道油灰，用板子顺麻丝横刮，在灰上扎出线脚，粗细要匀、要直、要平。等完全干透以后，用石片磨去疙瘩、浮仔，打扫干净，用湿布掸净。做过压麻灰的木件大面应该平整，曲面要浑圆、直顺，无脱层空臌。

图 3-14 园博园古民居施工工艺
——第三道灰：压麻灰

5. 中灰

压麻灰干后，用金刚石或缸瓦片打磨，在压麻灰上往返溜抹、精心细磨，以笤帚打扫、以水布掸净。再用铁板满刮靠骨灰一道，做到收灰、刮平、刮圆，不宜过厚。如有线脚者，再以中灰扎线。中灰应达到鞍角、楞线齐整、干净利落，线路宽度一致、基本直顺的要求。

图 3-15 园博园古民居施工工艺——第四道灰：中灰

图 3-16 园博园古民居施工工艺——第四道灰：中灰后

6. 细灰

细灰是最后一道灰，重点在细上，不仅质地最细，完全用细灰调制，而且要求更细、更严谨。中灰干后，用金刚石或缸瓦片将板迹接头磨平，再用笤帚打扫、以水布掸净，用铁板将犄角、边框、上下围脖、框口、线口、以及不下去皮子的地方，均应详细找齐。干后再以同样材料用铁板、板子、皮子满上细灰一道，厚度不超过 2 毫米，接头要平整，如有线脚者再以细灰扎线。对于细灰的质量，要求比较严格，犄角线路要齐整、直顺，干净利落，圆面要圆浑对称，无脱层、空臌、裂缝。

图 3-17 园博园古民居施工工艺——第五道灰：细灰　　图 3-18 园博园古民居施工工艺——第五道灰：细灰后

7. 磨细钻生

　　细灰干后，以细金刚石或停泥砖精心细磨至断斑，即全部磨去一层皮为断斑，要求平者要平、直者要直、圆者要圆。每磨完一个构件马上钻上生桐油。以丝头蘸生桐油，跟着磨细灰的后面随磨随钻，同时修理线脚及找补生油，柱子应一次磨完、一次钻完，同时油必须钻透，所谓钻透者就是浸透细灰，干后呈黑褐色，以防出现"鸡爪纹"现象，浮油用麻头擦净、以防"挂甲"（浮油如不擦净，干后有油迹名为挂甲）。待全部干透后，用盆片或砂纸精心细磨，不可遗漏，然后打扫干净，至此，"一麻五灰"的操作过程就全部完成了。

图 3-19 园博园古民居施工工艺——磨细钻生

　　"一麻五灰"在古建筑地仗工艺中使用较为频繁，此外，一麻四灰、一麻三灰、二麻六灰等也均有使用，作法大致与一麻五灰相同，只是相应省去其中某些步骤。一麻四灰作法省去压麻灰不做，二麻六灰或一麻一布六灰增加一道使麻及一道压麻灰，操作要求均同"一麻五灰"相应工序要求。

二、现代混凝土地仗工艺

钢筋混凝土材料有防腐、防水、防虫蛀、抗震和节省后期维修费用等优点，而且由于混凝土构件都是通过支模板浇筑成型的，有非常好的可塑性，可以做出各种形状的构部件，所以，混凝土仿古建筑成了仿古建筑的主流。

古民居文化展示区四合院建筑便为混凝土框架结构仿古建筑，其主体结构以及檩、垫、枋、柁、柱等建筑构件均为混凝土构造，彩画之前均施以地仗。而混凝土基层地仗与传统木作地仗略有不同，主要在使用灰料次数及工艺要求上有所差别。

混凝土地仗，简言之，具备"四道灰"，不使麻。四道灰分别为：捉缝灰、通灰、中灰、细灰，操作工艺要求基本与传统"一麻五灰"类似。但使灰之前的基层处理与木作略有不同。

1. 基层找补

新建混凝土构件表面缺陷部位用水泥砂浆找补，按照古建构件形状予以剔凿，对于表面残留水泥渣、砂浆、模板遗留物、污渍等予以清除。

2. 剔凿

传统"一麻五灰"地仗前准备工作包含"砍挠净白"，而混凝土地仗则需在表面进行剔凿，用斧子剁出一个个小坑，其目的与"砍挠净白"目的一样，都是为了增加灰料与基层之间的粘结力，实质是增加两者间的摩擦，使灰料与基层之间易于粘结。

3. 降低湿度

新建混凝土构件内含多种碱性物质，四合院建筑中使用醋酸（内加少量颜料）涂抹于构件表面，也可用硫酸锌溶剂，中和其碱性物质，使之"浮出"表面，进而清扫。同时醋酸等物质易于挥发，能降低构件表面的湿度。添加颜料的原因是便于识别已经涂抹的构件。清扫之后常用湿布对构件表面再次进行涂抹，利于彻底清除表面残留的浮尘、污垢，待其晾干即可进行下道工序。

4. 刷涂界面剂

所谓界面剂，指的是在上灰料之前在新建混凝土构件上涂刷的涂料，作用也是为了增加灰料与构件表面间的粘结，工程中常用众霸胶作为界面剂。新建混凝土刷涂界面剂之前，应保证混凝土构件表面已经晾干。

图 3-20　园博园古民居施工工艺——混凝土构件上灰前基层处理

5. "四道灰"

涂刷界面剂之后便是上灰工艺，类似于木构件的"四道灰"，即捉缝灰、通灰、中灰、细灰，相应工序要求等同于木作工艺要求。

第二节
油皮、彩画工艺

在地仗工作完成后，油皮与彩画工艺同时进行，某些部位油皮与彩画交错进行。

所谓"油皮"指的是建筑单纯油漆工作。古民居建筑中大量檐柱、廊柱等均做"油皮"，涂刷红色油漆。"油皮"工艺包含攒刮血料腻子、头道漆、二道漆、末道漆等施工工序。完成后油皮亮而有光泽，色彩鲜艳而顺直。

与此同时，在建筑檩、垫、枋、椽头、枙头等部位进行彩画工作。彩画并不等同于简单的在建筑构件上绘画，其有一整套完整的施工顺序与施工工艺。古民居展示区四合院建筑彩画由专业画匠依照传统彩画工艺绘制，主要包含量尺寸、起谱子、扎谱子、拍谱子、沥粉、刷色、接天地、包黄胶、拉晕色、拉大粉、画白活、攒退活、刷老箍头、打点活等施工步骤。

在某些特殊部位，彩画与油皮工艺交错进行。就古民居展示区四合院建筑包袱式苏画而言，"掐箍头搭包袱"这一彩画形式中，箍头及包袱心进行彩画，不需进行油皮工作，箍头与包袱心相夹部位则做油皮工艺，两者交错进行，避免相互干扰。

一、油皮工艺

1. 攒刮血料腻子

在地仗钻生之后、上漆之前，需要对构件表面进行一层"攒刮血料腻子"，"攒"与"刮"的区别在于所用工具的不同，用皮子称为攒，用铁板称为刮。血料腻子由猪血料与白粉或者滑石粉调制而成，颜色呈土黄色偏红、质感细腻。在此之前，需用砂纸对细灰进行打磨，利于与腻子的粘结，待血料腻子干后再进行打磨、掸净，随后即可进行油漆。

图 3-21 园博园古民居施工工艺——攒刮血料腻子

2. 头道漆

顾名思义，头道漆指的是在构件表面涂刷的第一道油漆。施工过程中，可加入少量稀料，以便加快施工速度。头道漆尽量做到涂刷均匀，对每个部位进行一次打底。

图 3-22 园博园古民居施工工艺——涂抹头道漆

3. 二道漆

头道漆后，应在构件表面复找一层腻子，腻子常为石膏加光油调制而成，对于在头道漆中显露出的问题予以解决，对平面进行再一次修整。待其干后，进行打磨、掸净，再涂刷第二道油漆。二道漆中不应添加稀料或者少加稀料。

图 3-23 园博园古民居施工工艺——复找腻子　　图 3-24 园博园古民居施工工艺——涂抹二道漆

4. 末道漆

第三道漆必须等二道漆干之后涂刷，在进行末道漆之前同样应进行复找腻子，打磨掉构件表面不平整的部位，同时，末道漆是最后一道油漆，应在工程接近完工状态、场地打扫干净的条件下进行。末道漆展示的是建筑的最终面目，涂刷时应注意涂刷均匀、不加稀料，防止出现自流线。

图 3-25 园博园古民居施工工艺——涂抹末道漆

二、彩画工艺

彩画工艺指的是建筑彩画在绘制过程中所使用的方法及工序要求。建筑彩画并非等同于"建筑上作画"，它具备一系列较为严谨的工序要求。彩画过程包含磨生过水，量尺寸、分中，起谱子、扎谱子、拍谱子，沥粉，刷色，画包袱、色卡子，攒退活，包黄胶，描金粉，打点等十个主要过程。

包袱式苏画是古民居展示区四合院建筑彩画中数量最多的苏式彩画，以其作为代表，详细阐释彩画绘制的工艺过程。

1. 磨生过水

磨生即磨生油地，用砂纸打磨油灰地仗。磨生的作用之一是磨去即将施以彩画的地仗表层的浮尘与生油挂甲等物，其二是使地仗表面形成细微的麻面，从而利于彩画颜料与沥粉牢固地附着在地仗表面。过水，即用净水布擦拭磨过生油的施工面，使其彻底擦掉磨痕和浮尘，使构件表面保持清洁。磨生和过水，在构件各个表面都应该进行，不能有遗漏。

2. 量尺寸、分中

在古建筑彩画中，虽内容有别，但彩画外貌形式基本相同，常成左右对称。所用谱子基本按半间设计，这样可以提高使用效率。因此，在彩画起谱前，应首先用尺将准备进行彩画的构件长度、宽度进行丈量，按部位记录清楚，同时找出中间的分中线，以标记两边彩画对称形式。全部量好后应核实一遍，各部尺寸不得有误。以建筑一开间而言，应丈量出开间尺寸，标记檩、垫、枋构件的中心线，同时应保证在同一垂直线上，此分中线用粉笔标注。

3. 起谱子、扎谱子、拍谱子

"起谱子是彩画的先导，因为彩画不是开始便将稿子直接画在构件上，然后再在构件上涂刷各种色彩和进行各种图案的绘制的，它是按照事先确定的稿子进行的，这个稿子即谱子，是画在纸上的。由于建筑物的式样、结构以及所需的彩画的种类、等级不同，所以各种建筑物凡进行彩画，事前均需起谱子，即使同一建筑的两次彩画，因时间不同和谱子保管的困难，几乎没有可以借用的谱子。因此，进行每次彩画时事先必须起谱子。"简言之，谱子就是彩画的底稿，常选用的材料不是普通的纸张，而是牛皮纸。（引自边精一《中国古建筑油漆彩画》）

扎谱子、拍谱子名称均来源于工艺作法。谱子定稿之后，在谱子上按照规则和设计方案扎出一个个小孔，这样设计图案则由一排排小孔组成。扎谱子时在纸下要垫上海绵或麻垫，一次扎透。针孔要端正，孔距要均匀。主体轮廓线的孔距应不超过 6mm，细部花纹的孔距应不超过 2mm。随后将谱子按实定位在所需彩画位置，按中线与构件对正摊实，然后用粉袋循谱子轻轻拍打，使构件上透印出花纹粉迹。拍打时要用力均匀，使线路衔接连贯、粉迹清晰。着重拍打设计图案上的每个小孔，之后取下谱子，在建筑构件上就留下了彩画的"谱子"。一些特殊部位的图案不能用谱子拍出时，可将粉笔削尖，直接在构件上描绘清楚。拍谱子时粉迹不清或变形处，也应在摊找零活时描绘清楚。谱子全部打好以后，将各部位要刷的颜色按规定代号写在构件上，以防刷错色。

图 3-26 园博园古民居施工工艺——拍谱子

图 3-27 园博园古民居施工工艺——拍谱子后

4. 沥粉

沥粉，简言之，即是勾画彩画的轮廓边线，工艺要求线条笔挺、顺直。沥粉又有沥大粉、沥小粉之分。彩画图案中凸起的线条一般起突出图案轮廓边线的作用，截面呈半圆形，而这种线条有单线条和双线条之分，双线条为图案构图中起到主要作用的线条，称之为大线，宽度常为 1cm。彩画各部位的局部纹饰不尽相同，同时又非常精致、富于变化、距离疏密不等，因此常用挤单线条的工具来沥粉，此称为沥小粉。

沥粉应根据不同线路要求选择相应的粉尖子，按照打出的谱子图案操作。操作时运气沉稳，先沥大粉，后沥小粉；先沥箍头、枋心，再沥岔口线、皮条线，最后沥各种花纹。竖线由上而下，横线由左而右，直线须用尺棍，上部的线上搭尺，下部的线下搭尺。三裹柁应先沥仰头，再沥两侧。沥粉时要一气贯通，必须接头时尽量接在阴角隐蔽处，沥出的粉条截面要呈半圆形、横平竖直、方圆整齐。各种粉条要饱满流畅，不偏离谱子，体现出谱子的花纹特征。

图 3-28 园博园古民居施工工艺——沥粉

图 3-29 园博园古民居施工工艺——沥粉后

5. 刷色

刷色，顾名思义即为建筑构件上底色，因建筑构件尺寸常较大，采用刷子进行涂刷底色，故得名。刷色分刷大色、刷小色两种。大、小指的是刷色面积的大小，颜色本无大小之别。

1）刷大色：以明间挑檐桁箍头刷青色为准，"青箍头青楞绿枋心"；额枋反之，"绿箍头绿楞青枋心"，即上青下绿。次间则上绿下青，以下依次类推，相互调换。操作时，要先刷绿、后刷青，竖刷箍头横刷枋心。岔口线、皮条线等应斜向涂刷。大色涂刷要均匀整齐，不透地、不粘污其他画面。

2）抹小色：按照部位要求均匀涂刷，一般应先刷上面，后刷下面；先刷里面，后刷外面；先刷小处，后刷大面。刷完一个色后，要检查有无遗漏错误，打点后再刷第二个色。

彩画刷色按上述规矩进行，遇各段落中有沥小粉的线条，不予留空，一并刷过，将沥粉覆盖。对于彩画不同部位，刷色还包括刷白色和二色等较浅的颜色，虽然面积不大，但同样为底色，刷色之后，除个别部位外，基本将生油地仗整个覆盖。

图 3-30 园博园古民居施工工艺——刷色

6.画包袱、画聚锦

刷色之后，待其干毕，画包袱心和规矩活等工作可同时进行。包袱心、聚锦心等内容一般为匠人独自创作，按照主人的情趣爱好，在包袱心内绘制主人喜爱的图案，多为花鸟、山水、人物故事等。要根据预先设计的包袱内容分别满刷白色和接天地。接天地系指包袱内画风景或花鸟，将天空部分染成浅青色、浅黄色或浅绿色等均可。接天地的步骤为：先将包袱垫白，待干后再将包袱占檩的 1/3 的下部刷白，然后在檩的上部分（占檩的 2/3）刷青色，并与下部白色分染并润开使其均匀过度。

图 3-31 园博园古民居施工工艺——画包袱

7. 规矩活

规矩活包括画卡子、写万字、捻联珠、攒退活、退烟云等。

卡子多为单一的色彩线条，有硬卡子、软卡子以及软硬卡子之分。边线无曲度、多为硬直则为硬卡子，边线有曲线、柔软则为软卡子。

万字指的是箍头部位中卍字相连的图案，一般采取阴阳倒切的方法使得卍字相连在一起。纹饰的轮廓线多用白粉线勾勒，纹饰的着色统一用相同色相但色度不同的颜色表现，经切黑、拉白粉完成。基本绘制程序为，涂刷基地色，用晕色书写卍字，然后进行切黑工作，最后为拉白粉。要求卍字线条硬朗、顺畅，衔接自然，无明显缺漏，横向、竖向线条间间距保持一致等。

联珠是一种在条状带型图案里的圆形成连续式排列的图案。苏式彩画中多与万字相配合，是箍头部位的重要组成部分。绘画的过程、操作技艺俗称捻联珠，指的是用无笔锋的圆头毛笔或用捻子（彩画工艺中的一种特用工具）画联珠，操作工艺相较其他彩画工艺较为简单，但均是按照一定的规范完成的。联珠带的基底色一般设为黑色，单个珠子的色彩一般由三道晕色构成，白色高光点、圆形晕色和圆形老色。无论构件为横向还是竖向，联珠带的珠子均应捻成侧投影式的朝向上端方向，则白色高光点、晕色置于珠子的上端，老色置于珠子的下端。要求珠子要捻圆，珠子直径与间距应一致，相同长度、宽度的联珠带的珠子数量应对称一致，颜色足实、饱满，色度清晰，层次分明。

图 3-32 园博园古民居施工工艺——画卡子

图 3-33 园博园古民居施工工艺——写万字

图 3-34 园博园古民居施工工艺——捻联珠

图 3-35 园博园古民居施工工艺——退烟云

攒退活，指的是一种退晕的图案花纹的绘制工艺。这种图案花纹可以为多种基本色（包含青、绿、香色、红色、紫色等）组合，也可用其中一两种色组合，而各色分别为深、浅、白退晕而成，称为攒退活。攒退活可以丰富彩画的直观效果，增加彩画表达的层次感。其主要包含以下几个步骤：

1）刷底色：指的是涂刷攒退活本身的底色，也称晕色。要求涂刷的非常均匀，填满整个图案的轮廓。

2）行粉：用白粉沿金线一侧勾画细白线一道，使图案线条醒目，贴金或者描金者且有齐金作用。行粉还可以起到确定轮廓、定稿的作用，因为涂色阶段已经把沥粉所掩盖，行粉可以找出盖在色彩内的笔道。

3）爬粉：类似于行粉，要求沿着沥粉凸起的线条进行描白，显得线条又白又凸起。

4）攒色：攒色即勾画深色线条的工艺。一般为先刷浅色，后攒深色。双勾攒中间，单勾攒阴面，宽度约为晕色的 1/3 左右。也有采用"倒遮晕"做法，即直接刷深色，然后在对侧退浅色，留出攒色部位，可视具体情况决定。要求攒色宽度适当、整齐一致，并要求与行粉形成勾咬状，使图案优美含蓄。

烟云指的是苏式彩画中包袱、方心及池子岔口等部位的轮廓，其纹饰由浅至深，由多道相同色相不同色度的色阶线条构成，能产生出一种很强的立体空间效果，有效衬托起彩画中心所绘制的彩画主题。而退烟云指的是绘制烟云的操作工艺，无论烟云形式如何，一般均应垫刷白色。退第二道色阶时，应首先留出白色阶，再依次按照由浅至深的顺序退出全部色阶。烟云的色阶道数一般多为单数，三、五、七、九及十一道，其中以五、七道最为常见。

在施工顺序中，画包袱、画聚锦、画卡子、规矩活等并无固定施工顺序，可按照施工要求、施工环境等有顺序的开展绘制工作。

8. 包黄胶

沥粉线条上一般均要贴金或描金粉，之前需先包一道黄胶，缘由是沥粉线条在刷色之后大都被掩盖在色彩之下，包胶的作用就是用鲜明的色彩将需要贴金或者描金粉的部位描画清楚，一般都为黄色颜料，俗称黄胶，描时需要将沥粉包严包满。黄胶多为使用稍加稀释的黄调和漆掺胶调和而成，包胶时应先包大粉，再包小粉，操作时要将粉条包严，无遗漏，无流坠起皱现象，不粘污其它画面。包胶之后贴金或者描金粉显得金更亮、更有光泽。

图 3-36 园博园古民居施工工艺——包黄胶

9. 描金粉

所谓描金粉，指的是在黄胶干后，用细毛笔，沾染泥金，在重彩画法的人物画或彩画的特殊部位勾画较细的衣纹或轮廓图案等金色线条的操作工艺，俗称打金胶描金粉。

彩画图案或者重彩人物经过打金胶描金粉后显得精致高级，装饰效果较强。

打金胶要求做到纯净无杂物，整齐光亮，无流坠无起皱、无缺失，描金粉要求劲道准确，符合纹理规范要求，颜色饱满光亮。

图 3-37　园博园古民居施工工艺——描金粉

图 3-38　园博园古民居施工工艺——描金粉后

10. 打点

　　彩画各部基本完成之后，由专人对全部彩画按顺序进行认真检查，发现个别部位、工序有遗漏或污损时，用相同颜色或材料仔细修补，使其完善。修补时应尽量做到与原画面一致，不留痕迹。由于后配颜料与原色多少会有差异，因此，在施工中每道工序完成后应随时检查找补，尽可能减少最后打点的工作量。

　　在上述彩画工艺中，量尺寸、分中、起谱子、扎谱子等均为彩画前准备工作，从拍谱子开始至打点结束即为彩画施工工艺。沥粉目的是确定彩画各部位轮廓和为描金粉打底；刷色是涂刷基本色，基本色上开始进行画包袱、画卡子、攒退活等彩画工艺；包黄胶、描金粉是为了突出彩画的边线轮廓，提高彩画规制，丰富彩画观感，增强彩画的表现力；打点则是彩画施工的收尾工作，属查缺补漏，从而进一步丰富彩画的内容。

图 3-39 园博园古民居施工工艺——彩画打点

结语

　　中国古建筑艺术是世界建筑艺术丛林中独树一帜而又精彩纷呈的一部分，匠心独到的榫卯构造、雕梁画栋的彩画装饰更是世界艺术中的瑰丽奇葩。中国古建筑本身所传递的"天人合一"的建筑理想至今仍为世界所惊叹。

　　近年来，随着中国文化软实力的增强，中国古建筑得到越来越多的重视，现代仿古建筑也如雨后春笋般地兴起。而建筑彩画是古建营造工作中不可或缺的一环，也是古建设计工作中容易忽略的内容。由于彩画绘制的专业性很强，长期以来一直是画匠师徒相授传承的。这些身怀绝技的工匠技师及其技艺精湛的绘画作品，一直默默无名地淹没在历史长河中。而丰富多彩的绘画内容和工艺复杂的绘画技法更是仿古建筑的设计者和建造者们所不熟悉的。

　　在园博园古民居文化展示区四合院的建造过程中，我们对建筑彩画及其施工过程进行了精心整理，籍以记录这些辛勤工作的画匠画师，并为现代仿古建筑的设计建造起到抛砖引玉的作用，希望能有更多优秀的建筑彩画作品被发掘与传承，这将是对我国建筑彩画艺术更有力的推动与弘扬。

　　由于时间仓促，加之编者水平有限，不足之处敬请读者批评指正。

北京市园林古建设计研究院有限公司

园博园古民居文化展示区总体规划及单体建筑设计由北京市园林古建设计研究院有限公司担纲。

北京市园林古建设计研究院有限公司初创于 1953 年，是我国最早从事风景园林设计的单位之一，是第一批经建设部批准的"风景园林"甲级设计资质单位，同时拥有建筑工程乙级设计资质，具有规划咨询、园林设计、建筑设计等综合设计实力。

六十年来，北京市园林古建设计研究院有限公司凭借自身实力以及丰富的实践经验，始终稳居行业领先地位，设计成果遍及国内外，多次在国家级、部级、北京市优秀设计和科技进步奖评选中获奖，累计达 140 余项。

代表作品：
颐和园耕织图景区复建工程
北京奥林匹克森林公园 IV 标段施工图设计
国家大剧院景观工程
德国柏林得月园
日本天华园

北京房修一建筑工程有限公司

园博园古民居文化展示区单体建筑由北京房修一建筑工程有限公司承担施工总承包。

北京房修一建筑工程有限公司是以新建施工、古建修缮、装饰装修为主，通风设备安装、机械运输、物业管理、房地产开发、园林雕塑等为一体的具有综合实力的大中型建筑施工企业。具有国家房屋建筑工程施工总承包壹级、建筑装修装饰工程专业承包壹级、起重设备安装工程专业承包壹级、国家园林古建筑工程专业承包和文物保护工程施工壹级等施工资质；具有中华人民共和国对外经济合作经营资格证书。

公司始终本着"修中华瑰宝，展古都风貌，建精品工程，筑时代丰碑"的宗旨，在改革中不断前进，在开拓中不断成长，恪守诚信、求新务实，得到了社会的高度好评和广泛认可。并多次获得建设部特别嘉奖、长城杯奖、城市住宅建设优秀小区施工质量金牌奖、海外优质工程奖、北京市优质工程奖和北京市建筑装饰优质工程奖等荣誉。

代表作品：
中南海怀仁堂工程
新华门
中南海瀛台
人民大会堂小礼堂装修
人民大会堂北大厅装修改造
钓鱼台国宾馆十八号贵宾楼工程
北京寰岛博雅大酒店
颐和园佛香阁—排云殿、长廊等景区古建修缮
恭王府府邸文物保护修缮
西藏人大常委办公楼装修改造

江苏创景园林建设有限公司

　　园博园古民居文化展示区园林建筑由江苏创景园林建设有限公司承担施工。

　　江苏创景园林建设有限公司是集园林建筑、仿古建筑、绿化工程等设计施工及绿化养护、技术咨询、苗木生产与销售为一体的专业园林公司。具有城市园林绿化壹级、园林古建筑叁级施工资质。

　　公司技术力量雄厚，职能完备。近年来，公司新建工程遍布南北，经营业绩逐年递增。一直以来，公司坚持"以质量求生存，以信誉求发展"的宗旨，凭借深厚的专业基础、优良的设计水平、过硬的施工质量、完善的售后管理服务，不断赢得业主和社会各界的好评。

代表作品：
天津滨海新区绿化建设专项塘沽市容绿化工程
天津临港工业区三期嘉陵江道绿化工程
天津塘沽南园仿古修缮整治工程
北京丰台区绿堤郊野公园建设工程
北京北宫国家森林公园小江南景观绿化工程
北京永定河晓月湖、宛平湖绿化工程
天津渤海二十六路绿化工程
北京长辛店北部居住区一期项目售楼处展示区景观工程
北京永定河（京原路至梅市口路）右岸绿化景观及水源净化绿化景观项目

北京英诺威建设工程管理有限公司

园博园古民居文化展示区由北京英诺威建设工程管理有限公司担任工程监理。

北京英诺威建设工程管理有限公司（原为北京市国土资源和房屋管理局直属的北京市房屋建设工程监理公司，成立于 1992 年）。公司为独立法人企业，注册资本金 1500 万元人民币，拥有一批技术水平高、实践经验丰富、综合素质较强的技术及管理人才，凝聚了一批水平高、技术精的古建名师，建立了一支专业齐备并有一定知名度的专家团队。

公司拥有住房和城乡建设部颁发的工程监理甲级资质、国家文物局颁发的首批文物保护工程监理甲级资质、国家人民防空办公室颁发的人民防空工程建设监理甲级资质、住房和城乡建设部颁发的工程招标代理甲级资质、财政部颁发的政府采购招标代理机构甲级资质、国家发展和改革委员会颁发的中央投资项目招标代理甲级资质以及北京市住房和城乡建设委员会核定的建设工程项目管理试点单位资格。

代表作品：
故宫太和殿修缮工程
柬埔寨茶胶寺保护修复工程
清华大礼堂修缮工程
泰华龙旗广场工程
中国残疾人体育综合训练基地工程

<h1 style="text-align:center">内 容 简 介</h1>

第九届中国（北京）国际园林博览会古民居文化展示区于 2013 年 5 月落成。展示区中的北方四合院，饰以中国博大彩画艺术精华的苏式彩画，传承中国传统古建风格，着力呈现中国传统建筑与彩画悠久的历史及醇厚的文化底蕴。

四合院建筑彩画是中国古建体系中十分重要而又异彩纷呈的一部分，色彩绚丽灿烂，寓意吉祥安康。而苏式彩画又是现存四合院建筑中应用最多的彩画样式，包括包袱式苏画、方心式苏画和海墁式苏画等。古民居文化展示区的四合院彩画既传承古建彩画制式，又凸显宅第院落等级，集中展现了中国传统建筑文化。

本书旨在通过对园博园古民居文化展示区四合院建筑彩画装饰艺术及施工过程的展示，传承并弘扬中国古代建筑完美和谐的文化理念和高超的工艺技巧，促进中国建筑艺术的进步与繁荣。

版权所有，侵权必究。侵权举报电话：010 — 62782989 13701121933

图书在版编目（CIP）数据

园博园古民居建筑彩画艺术 / 华凯投资集团有限公司编著 . -- 北京：清华大学出版社，2013
ISBN 978-7-302-32395-2

Ⅰ．①园… Ⅱ．①华… Ⅲ．①民居－古建筑－建筑装饰－彩绘－中国 Ⅳ．① TU241.5

中国版本图书馆 CIP 数据核字（2013）第 094289 号

责任编辑：周莉桦
装帧设计：瞿中华
责任校对：王淑云
责任印制：李红英

出版发行：清华大学出版社
   网 址：http://www.tup.com.cn，http://www.wqbook.com
   地 址：北京清华大学学研大厦 A 座   邮 编：100084
   社 总 机：010-62770175   邮 购：010-62786544
   投稿与读者服务：010-62776969，c-service@tup.tsinghua.edu.cn
   质量反馈：010-62772015，zhiliang@tup.tsinghua.edu.cn
印 装 者：北京雅昌彩色印刷有限公司
经 销：全国新华书店
开 本：225mm×300mm **印 张：**15.75 **字 数：**140 千字
版 次：2013 年 5 月第 1 版   **印 次：**2013 年 5 月第 1 次印刷
印 数：1～2500
定 价：180.00 元

产品编号：053527-01

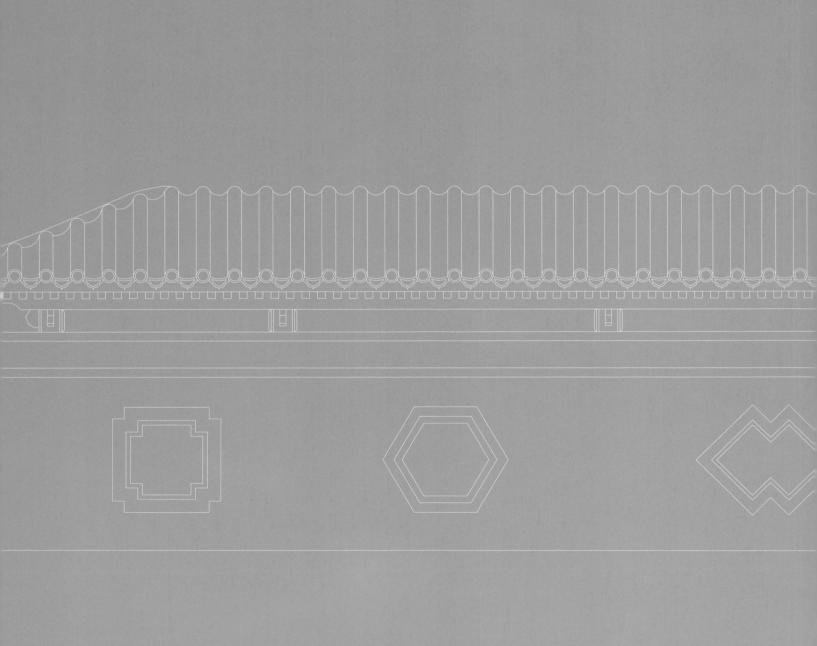

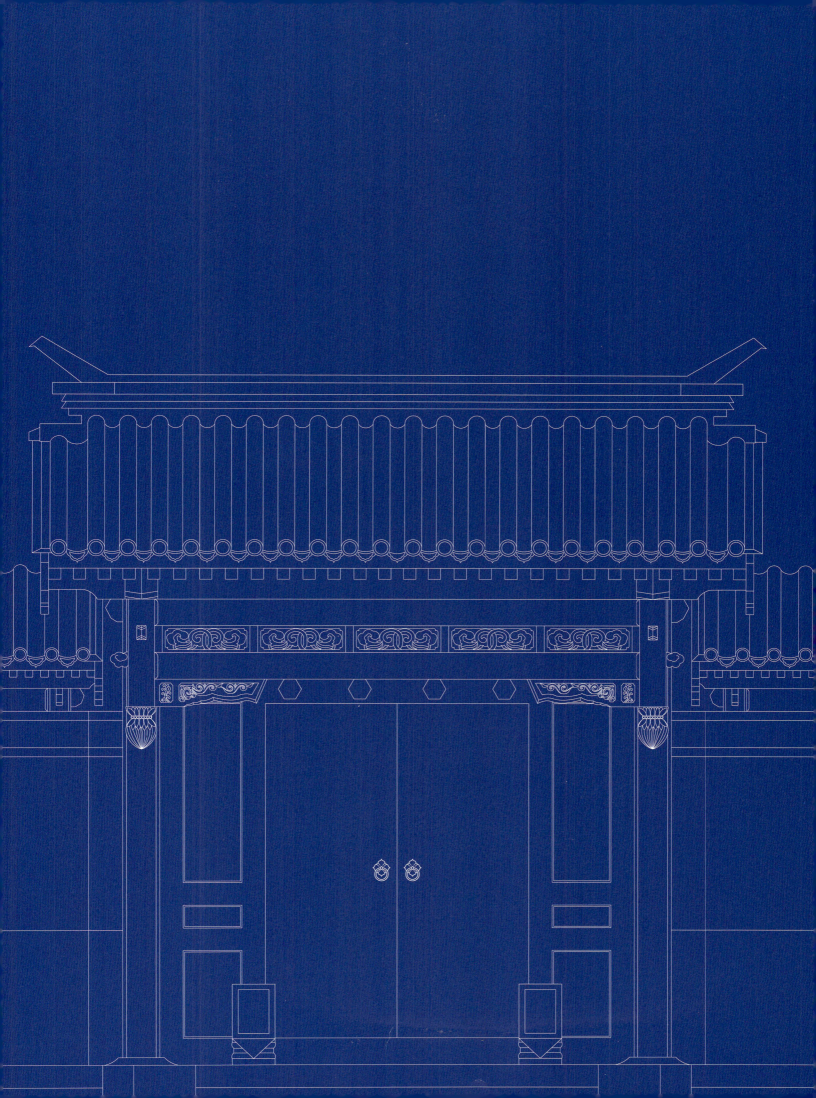